著者简介

鵜野将年

主要从事蓄电池和太阳能电池系统专用电力电子领域研究，以"培养从本地走向世界的技术人员"为目标，推动先进的电力电子研究开发。

2004年3月同志社大学大学院工学研究科电气工学专业毕业；2004年4月在宇宙航空研究开发机构从事航天器电源系统的研究开发；2013年3月综合研究大学院大学物理科学研究科博士课程（工学）毕业；2014年10月起至今，担任茨城大学工学部电气电子工学科准教授。

2009年、2013年、2015年获得电气学会优秀论文奖；2018年获得IPEC Isao Takahashi Power Electronics Award；2019年获得电气科学技术奖励奖。

所属学会：电气学会会员、电子情报通信学会会员、IEEE会员。

电力电子变换器基础与设计

实现小型化和高效化

〔日〕鹈野将年 著

蒋 萌 译

科学出版社

北 京

图字：01-2022-3235号

内 容 简 介

在直流功率变换电路的用途多元化和高要求化的背景下，本书致力于介绍多种电路形式，以便为读者提供妥善和灵活的应变方案。

本书共分9章，第1章介绍电力电子技术的背景知识；第2章和第3章以直流功率变换电路为基础，分别介绍非隔离型DC-DC变换器和隔离型DC-DC变换器；第4章和第5章分别讲解各种类型的损耗和小型化研究，这些都是功率变换电路实现高效化和小型化必不可少的基础知识；第6章~第9章介绍谐振变换器及谐振型开关电容变换器的各种应用电路。

本书可供企业中从事产品开发工作的年轻技术人员阅读，也可作为电力电子专业高年级学生的参考用书。

图书在版编目（CIP）数据

电力电子变换器基础与设计/(日)鹈野将年著；蒋萌译.—北京：科学出版社，2023.1

ISBN 978-7-03-073630-7

Ⅰ.①电… Ⅱ.鹈… ②蒋… Ⅲ.变换器–研究 Ⅳ.①TN6242

中国版本图书馆CIP数据核字（2022）第201063号

责任编辑：杨 凯 / 责任制作：魏 谨
责任印制：师艳茹 / 封面设计：张 凌

北京东方科龙图文有限公司 制作
http://www.okbook.com.cn

科 学 出 版 社 出版
北京东黄城根北街16号
邮政编码：100717
http://www.sciencep.com

天津市新科印刷有限公司 印刷
科学出版社发行各地新华书店经销

*

2023年1月第 一 版 开本：787×1092 1/16
2023年1月第一次印刷 印张：11 1/2
字数：216 000

定价：58.00元
（如有印装质量问题，我社负责调换）

前　言

利用功率半导体器件进行功率变换的电力电子技术被广泛应用于功率相关的各种设备，已成为我们生活中不可或缺的一部分。长久以来，这种技术在各领域中无处不见，而随着近年来再生能源的使用、锂二次电源的诞生，以及设备的电动化，人们对它又有了更进一步的需求。致力于研究电力电子技术的大学生和企业技术人员也随之越来越多。

采用电力电子技术的功率变换电路中，电路元件中的电流和电压会根据功率半导体设备的开关状态发生剧烈变化，很多人难以理解它的具体工作过程。大学生的教材大多仅讲解工作原理较简单的功率变换电路，实际上，根据用途和需求的不同，很多应用电路形式需要区别使用。尤其是直流功率变换电路中存在若干种电路形式，初学者很难充分掌握其全貌。近年来，功率变换电路在移动设备和电动汽车等的应用越来越多样化，同时对高效化和小型化也有了更高的要求。为了根据不同用途和要求选择适宜的功率变换电路形式，我们必须充分了解各种方式的工作原理及它们的优缺点。

本书面向电力电子专业的研究生和在企业中从事产品开发工作的年轻技术人员。第2章和第3章以直流功率变换电路为基础，分别介绍非隔离型DC-DC变换器和隔离型DC-DC变换器；第4章和第5章分别讲解各种类型的损耗和小型化研究，这些都是功率变换电路实现高效化和小型化必不可少的基础知识；第6章～第9章介绍谐振变换器及谐振型开关电容变换器的各种应用电路。

在直流功率变换电路的用途多元化和高要求化的背景下，本书致力于介绍多种电路形式，以便为读者提供妥善和灵活的应变方案。希望本书能对读者的学习和工作有所帮助，各种电路形式的详细内容请参考相关文献。

目　录

第1章

绪　论

1.1　电力电子技术的背景知识

电力电子技术使用功率半导体器件进行功率变换，上至产业设备和电力系统等，下至智能手机、笔记本电脑等随处可见的移动式机器，各种用电领域都会应用到这种技术，用途广泛，近年来重要性尤为显著。

以太阳能发电为代表的再生能源的大量使用、锂离子电池的诞生、设备的电动化等推动了电力电子技术的发展。太阳能电池板的低成本化和固定价格收购制度使得太阳能发电迅速普及，功率变换器中的功率调节器成为许多家庭和商业设施的必备品。锂离子电池的诞生使移动设备的驱动时间得到飞跃性的改善，如今很多人都会随身携带数台移动设备。移动设备必不可少的充电器和适配器都是功率变换器，与以往的产品相比，它们的重量已得到大幅度降低。随着汽车的电动化和锂离子电池性能的提升，电动汽车的续航里程有了飞跃性的提高。不仅发达国家，发展中国家的电动汽车销量也在节节攀升，传统汽车正以迅雷不及掩耳之势转型为电动汽车。当前，许多企业正为电动汽车的开发和性能的提升展开激烈的角逐。大众车型约搭载50个电动机，高级车型上搭载的电动机则过百，而驱动它们的都是功率变换器。以电池为能源的电动汽车需要功率变换器驱动各种车载设备，可以说，电动汽车是各种电力电子技术的结合体。

提升效率和小型化是各个工学领域的普遍课题。在上述背景下，人们对电力电子领域的高效化和小型化要求也越来越高。多数产品的功率转换效率已达到90%~95%，某些产品官方公布的功率转换效率甚至超过98%。换言之，效率的提升空间仅剩几个百分点，即使今后出现翻天覆地的技术革新，也无法大幅度提高效率。与此相比，功率变换器的小型化还有充足的发展空间，功率半导体器件和无源元件的性能提升、新型电路形式，以及控制技术的开发正日新月异地推动着功率变换电路的小型化。今后，如何在不降低功率转换效率的同时实现小型化将成为关键。

1.2　直流功率变换器的小型化研究

斩波电路和DC-DC变换器等直流功率变换器主电路中最占体积和重量的是电感和变压器等磁性元件，实现整体电路小型化的关键就在于如何将这些元件小型化（图1.1）。电容器的体积也比较大，同样需要进行小型化研究。MOSFET（metal-oxide semiconductor field-effect transistor）和IGBT（insulated gate bipolar transistor）等功率半导体开关本身体积很小，但是散热器等则有大型化的趋势。随着功率转换效率的降低，即损耗的增加，散热装置的体积越来越大，因此必须在保持功率转换效率不变的同时减小磁性元件和电容器的体积。

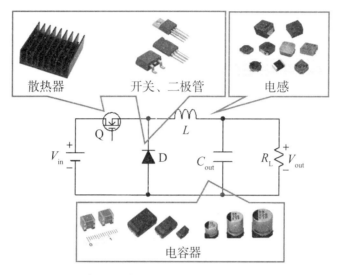

散热器　　　开关、二极管　　　电感

电容器

图1.1 直流功率变换器主电路中的主要元件

我们可以以传水桶为例，也就是说将水桶作为运水的容器，运输的水量取决于容器的体积（准确地说是容积）和运输的频繁程度（频率）的乘积。假如水的运输量不变，要想将容器的体积减小到一半，只需把运水的频率提高到两倍。只要提高运输的频率，甚至可以用小杯子代替水桶来运输同样的水量。

如图1.2所示，将电路的小型化研究想象成传水桶就直观多了。功率变换器中的磁性元件和电容器等无源元件都是能量储存元件，也就是用于储存电能的容器。功率变换器的每个开关周期中，能量储存元件都会从输入端子向输出端子传输电能。与传水桶相同，只要提高频繁程度就可以减小容器的体积（即无源元件小型化）。在电路中，这意味着提高开关频率。提高功率变换器工作时的开关频率，就可以在实现磁性元件和电容器等能量储存元件小型化的同时传输等量电能。

如果传水桶的速度过快，就会洒出一部分水。想要避免洒水，只能缓慢平稳地运输。这一点对于功率变换器的开关工作来说也是一样的。开关时，开关电压和电流会发生剧烈变化，同时会产生功率损耗（开关损耗），所以不假思索地提高开关频率就会造成巨大的开关损耗。因此在开关时要设法缓慢平稳地改变电流或电压（采用软开关），以降低开关损耗。

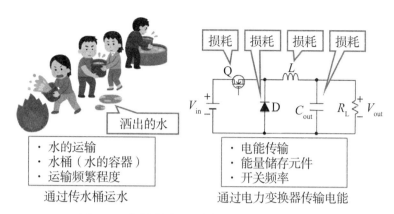

图1.2　水桶传水和功率变换器传输电能

此外，不同种类的能量储存元件的能量密度也大不相同。也就是说，即便体积相同，不同元件的能量储存能力也不同。因此可以采用高能量密度的元件来实现电路小型化。而水是非压缩性流体，在传水桶中无法采取这种办法。

综上所述，本书着重讲解功率变换器的小型化研究，通过采用高频化、高能量密度的无源元件实现小型化。

1.3　本书的结构

本书主要介绍直流功率变换器，交流功率变换器的相关内容请参考其他优秀书籍。本书从变换器的基础知识开始讲解，第2章是非隔离型DC-DC变换器（斩波电路）；第3章是隔离型变换器的基础知识；第4章介绍变换器的各种损耗，讲解在变换器的性能指标中与体积并重的效率概念；为了实现变换器的小型化，第5章在高频化和采取高能量密度无源元件的基础上介绍其他关键内容；第6章介绍采用软开关工作的谐振变换器的基础知识；第7~9章在与磁性元件的比较中，通过使用电容器这种高能量密度无源元件来讲解实现变换器小型化的各种电路形式的基础知识。

第2章

非隔离型DC-DC变换器

2.1.1　电路结构

　　非隔离型DC-DC变换器也被称为斩波电路，是功率变换电路中最基本的一种电路。应用最普遍的斩波电路有降压斩波、升压斩波和升降压斩波三种，图2.1～图2.3分别是这三种电路的结构图。假设开关是MOSFET，D_b是MOSFET的漏极和源极之间形成的体二极管。除了输入滤波电容器C_{in}和输出滤波电容器C_{out}之外，还有开关Q、续流二极管D和电感L三个元件组成的"单元"[1]。无论哪种斩波电路，都要用任意开关频率f_s驱动开关Q，同时通过操控占空比d（时比率）来调节输入电压V_{in}和输出电压V_{out}的比。

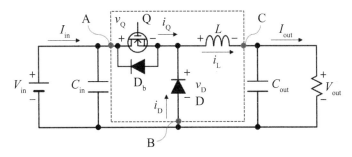

图2.1　降压斩波

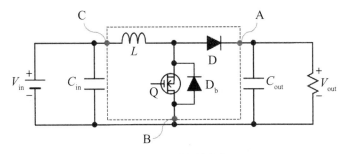

图2.2　升压斩波

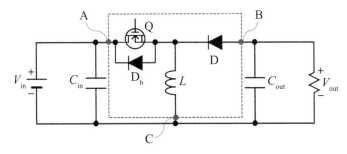

图2.3　升降压斩波

2.1.2　各种电路的关系

　　三种斩波电路的不同在于元件以何种方式连接输入输出端口，连接方法不同，降压、升压和升降压的工作情况也不同。为了便于理解，我们设开关Q的漏极或体二极管D_b的阴极连接点为节点A，续流二极管D的阳极连接点为节点B，电感L的连接点为节点C。

　　图2.1的降压斩波中，节点A连接输入电源，节点B接地，节点C连接输出（负载）。另一方面，图2.2的升压斩波中，对照降压斩波，节点A和C交换了位置。升压斩波的节点B连接开关，但一般情况下开关和二极管都属于开关设备，可以根据电流的方向将开关替换为二极管。也就是说，降压斩波中的续流二极管D可以替换为升压斩波中的开关Q。同样，降压斩波的节点A上的开关Q可以替换为升压斩波的节点A上的续流二极管D。根据上述分析，我们发现降压斩波和升压斩波可以看作单元左右对称翻转的两种电路。同样，图2.3的升降压斩波也可以看作图2.1的降压斩波中的单元逆时针旋转90°得来的。

2.1.3　降压斩波的简单工作解析

1. 工作模式

　　以降压斩波为例，工作波形和工作模式分别如图2.4和2.5所示。

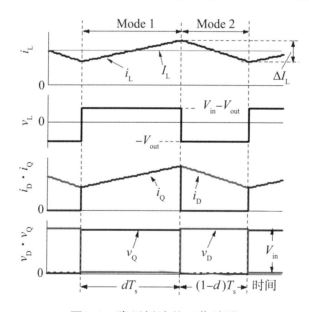

图2.4　降压斩波的工作波形

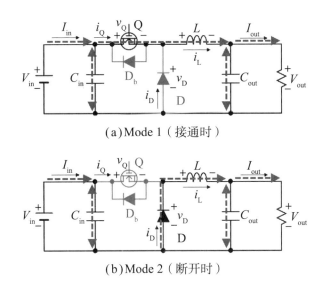

（a）Mode 1（接通时）

（b）Mode 2（断开时）

图2.5 降压斩波的工作模式

假设所有元件都是理想型，Q的导通电阻和D的正向压降为0。根据Q的驱动状态，工作模式分为以下两种。

Mode 1：Q导通，此模式启动。Q呈短路状态，通过的电流与L的电流相同，为i_L，Q的电压v_Q和电流i_Q如下式所示：

$$\begin{cases} v_Q = 0 \\ i_Q = i_L \end{cases} \tag{2.1}$$

另一方面，D非导通，无电流通过。Q呈短路状态，输入电压V_{in}直接附加在D的阴极上，D的电压v_D和电流i_D如下式所示：

$$\begin{cases} v_D = V_{in} \\ i_D = 0 \end{cases} \tag{2.2}$$

Q导通，L被夹在输入电源V_{in}和电压为V_{out}的负载中间，L的电压v_L和电流变化率$\mathrm{d}i_L/\mathrm{d}t$为

$$\begin{cases} v_L = V_{in} - V_{out} \\ \dfrac{\mathrm{d}i_L}{\mathrm{d}t} = \dfrac{V_{in} - V_{out}}{L} > 0 \end{cases} \tag{2.3}$$

降压斩波中$V_{in} > V_{out}$，所以$\mathrm{d}i_L/\mathrm{d}t$值为正数。$i_L$线性增加，$L$储存电能，即充电。

Mode 2：Q关断，Mode 1中通过Q的电流i_L被切断。可是通常电感会起续流作用，i_L将会通过Q以外的替代路径。斩波电路中，切断Q时D是导通状态，i_L的

路径得以确保，D 处于完美短路状态，电流与 L 中的电流相同，所以

$$
\begin{cases}
v_D = 0 \\
i_D = i_L
\end{cases}
\tag{2.4}
$$

Q 非导通，没有电流。漏极端子上有输入电压 V_{in}，D 的导通使源极电位归零，所以

$$
\begin{cases}
v_Q = V_{in} \\
i_Q = 0
\end{cases}
\tag{2.5}
$$

D 导通使得 L 的左端子电位归零，L 的右端子连接负载，所以电位为 V_{out}，因此 Mode 2 下的 v_L 和 di_L/dt 如下式所示：

$$
\begin{cases}
v_L = -V_{out} \\
\dfrac{di_L}{dt} = \dfrac{-V_{out}}{L} < 0
\end{cases}
\tag{2.6}
$$

di_L/dt 为负值，i_L 线性降低，L 释放电能，即放电。

2. 输入输出电压的变换特性

稳态下，假设各个周期的 i_L 不变，各个周期的 i_L 的初始值为 I_{L0}，可以得出下式：

$$
I_{L0} = \frac{1}{L} \int_0^{T_s} v_L dt + I_{L0} \rightarrow \frac{1}{L} \int_0^{T_s} v_L dt = 0
\tag{2.7}
$$

其中，T_s 为开关周期（与开关频率 f_s 互为倒数，$T_s = 1/f_s$）。由上式可知，一个周期的电感 L 的电压和时间的乘积（平均电压）为 0。

通过下式给出的占空比 d 可以定义一个周期的 Q 的导通时间的比率（脉冲宽度）：

$$
d = \frac{T_{on}}{T_s} = \frac{T_s - T_{off}}{T_s}
\tag{2.8}
$$

其中，T_{on} 和 T_{off} 分别是开关导通期间（Mode 1）和关断期间（Mode 2）的长度。d 是控制变量，可以在 0 到 1 之间变化。降压斩波中，L 的电压在导通期间和关断期间如式（2.3）和式（2.6）所示，电压和时间的乘积为 0，代入这两个公式中，可以推导出下式：

$$T_{on}(V_{in} - V_{out}) + T_{off}(-V_{out}) = 0$$

$$\rightarrow V_{out} = \frac{T_{on}}{T_{on} + T_{off}} V_{in} = dV_{in} \qquad (2.9)$$

式（2.9）的输出输入电压比V_{out}/V_{in}如图2.6所示。降压斩波中，经过调节d的脉冲宽度调制（pulse width modulation，PWM），V_{out}可以在低于V_{in}的范围内任意变化。

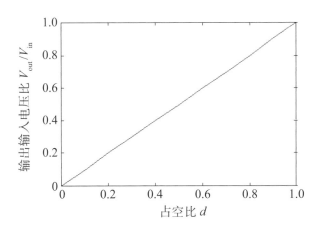

图2.6 降压斩波中d对输出输入电压比的影响

3. 纹波电流和滤波电容器

斩波电路中，如图2.4所示，i_L随着开关切换以三角波形变化。这时的电流变化量——纹波电流ΔI_L取决于式（2.3）和式（2.6）中附加电压v_L和时间（dT_s或$(l-d)T_s$）的乘积，如下式所示：

$$\Delta I_L = \frac{V_{in} - V_{out}}{L} dT_s = \frac{V_{out}}{L}(1 - d)T_s \qquad (2.10)$$

ΔI_L与各种模式下的电压时间积成正比，与电感L成反比。

L的右端子连接负载电阻R_L和输出滤波电容器C_{out}，但稳态下电容器的平均电流是0，所以L的平均电流I_L等于负载电流I_{out}，即

$$I_L = I_{out} = \frac{V_{out}}{R_L} \qquad (2.11)$$

其中，R_L是负载电阻值。通常情况下，斩波电路的纹波率α会被设计为0.3（30%）左右，其定义如下式所示：

$$\alpha = \frac{\Delta I_{\mathrm{L}}}{I_{\mathrm{L}}} \tag{2.12}$$

　　直流功率变换电路中，理想状态下的输入电流I_{in}和负载电流I_{out}是纯粹的直流电流。但是斩波电路的各元件中除了直流电流成分，还有开关切换带来的高频交流电流。降压斩波中，Q和L分别连接输入和输出，但为了消除这些元件的交流电流成分，使I_{in}和I_{out}更加接近直流电流，需要采用滤波电容器C_{in}和C_{out}。降压斩波中的各部分电流波形如图2.7所示。

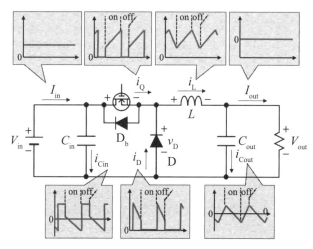

图2.7　降压斩波的各部分电流波形

　　理想状态下，i_{Q}和i_{L}的交流电流成分完全通过C_{in}和C_{out}，使得I_{in}和I_{out}变为直流电流。但是，想要完全消除交流成分就需要大容量的滤波电容器。Q的电流i_{Q}的波形为不连续变化的脉冲，用于消除交流成分的C_{in}需为大容量。相比之下，i_{L}的波形是连续变化的三角波，相对低容量的C_{in}就可以消除纹波电流成分（交流成分）。实际操作中，我们需要根据用途和要求在容许一定程度的纹波的前提下选择滤波电容器的容量。具体来说，滤波电容器的端电压会因交流电流（纹波电流）而变化（产生纹波电压），在确定用途和要求的同时参考V_{in}和V_{out}的基准值，在容许一定程度的电压变动的前提下确定滤波电容器的容量。例如，$V_{\mathrm{out}}=$5V，则容许负载电压变动值为它的5%，相当于250mV，由此确定C_{out}。

2.1.4　电流连续模式和电流断续模式

　　图2.4是电感电流i_{L}连续以三角波变化的电流连续模式（continuous conduction mode，CCM）的工作波形。CCM的开关关断期间，T_{off}中通过二极管电流i_{D}，在开关再次导通之前，i_{D}持续通过。但如果i_{D}在开关导通前

达到0，则i_L的波形不再是连续三角波，而是断续波，工作进入电流断续模式（discontinuous conduction mode，DCM）。

如式（2.4）所示，降压斩波期间T_{off}的i_D等于i_L。也就是说，i_D是否为0取决于电感的纹波电流ΔI_L和平均电流I_L之间的关系。满足下式关系时，电路模式为DCM：

$$\frac{\Delta I_L}{2} > I_{out} \qquad (2.13)$$

当I_{out}小于ΔI_L的一半，即轻负载时，电路倾向于DCM工作。将$I_{out} = V_{out}/R_L$的关系和式（2.10）代入式（2.13）可以推导出CCM和DCM的临界条件，也就是R_L值：

$$R_L > \frac{2LV_{out}}{(V_{in} - V_{out})\,dT_s} \qquad (2.14)$$

根据上式可知，R_L越大（即轻负载），L值越小，T_s越大，更易于DCM工作。

举例说明，图2.8是降压斩波的DCM工作波形。Q关断时，i_L和i_D线性降低，Q再次导通之前i_L和i_D归零。L起续流作用，但是D中不可以有负电流（反方向），所以i_L和i_D为0，这时L的电压v_L也是0。

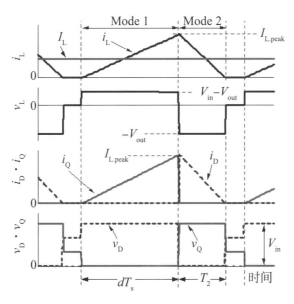

图2.8 降压斩波中的DCM工作波形

各种模式下的v_L为

$$v_{\mathrm{L}} = \begin{cases} V_{\mathrm{L}} - V_{\mathrm{out}} & (\mathrm{Mode\ 1}) \\ - V_{\mathrm{out}} & (\mathrm{Mode\ 2}) \\ 0 & (\mathrm{Mode\ 3}) \end{cases} \tag{2.15}$$

i_{L} 在 Mode 1 的末期最大，这时的电流 $I_{\mathrm{L.peak}}$ 如下式所示：

$$I_{\mathrm{L.peak}} = \frac{(V_{\mathrm{in}} - V_{\mathrm{out}})\, dT_{\mathrm{s}}}{L} \tag{2.16}$$

Mode 2 中 i_{L} 以 $-V_{\mathrm{out}}/L$ 的斜率降低，$i_{\mathrm{L}} = 0$ 时进入 Mode 3。所以 Mode 2 的 T_2 为

$$T_2 = \frac{I_{\mathrm{L.peak}} L}{V_{\mathrm{out}}} = \frac{(V_{\mathrm{in}} - V_{\mathrm{out}})\, dT_{\mathrm{s}}}{V_{\mathrm{out}}} \tag{2.17}$$

i_{L} 的平均电流 I_{L} 为

$$I_{\mathrm{L}} = \frac{1}{2} \frac{(dT_{\mathrm{s}} + T_2) I_{\mathrm{L.peak}}}{T_{\mathrm{s}}} = \frac{V_{\mathrm{in}}(V_{\mathrm{in}} - V_{\mathrm{out}})\, d^2 T_{\mathrm{s}}}{2 L V_{\mathrm{out}}} \tag{2.18}$$

I_{L} 在 CCM 下与 d 无关，但在 DCM 下受 d 的影响。由 $I_{\mathrm{L}} R_{\mathrm{L}}$ 可以算出 V_{out} 的值。

2.1.5　同步整流模式

　　图 2.1 的电路中，电感电流 i_{L} 通过二极管换流。但是二极管中有正向压降，一般情况下，中低压用途的斩波电路中最主要的损耗就是正向压降造成的导通损耗。

　　图 2.9 展示了将续流二极管 D 替换为开关 Q_{L} 的同步整流方式。与各个开关并联的二极管是体二极管。同步整流方式中，高边开关 Q_{H} 和低边开关 Q_{L} 互补驱动。为了达到 Q_{L} 替换续流二极管的目的，电流主要从源极流向漏极。

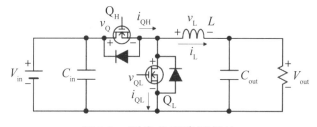

图 2.9　同步整流降压斩波

　　同步整流方式中几乎不会产生二极管导通损耗。虽然开关会产生导通损耗，但通常比二极管的导通损耗还要小，有助于实现斩波电路的高效化。而且开关与二极管不同，有双向电流通过，所以轻负载时斩波电路也不会进行 DCM 工作，始终处于 CCM 工作。

　　轻负载时的同步整流降压斩波工作波形如图2.10所示。没有续流二极管，i_L始终续流，也可以转向负方向。i_L为负值期间，电流在Q_H中从源极流向漏极，在Q_L中从漏极流向源极（也就是说i_{QH}和i_{QL}为负值）。如2.1.3节中所说，无论i_L的值是正或负，为了与CCM相同，输出输入电压比与图2.6相同。

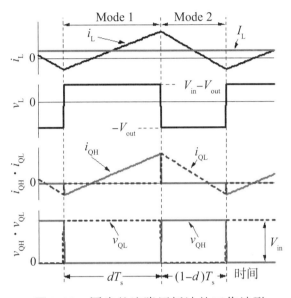

图2.10 同步整流降压斩波的工作波形

　　同步整流模式下，在驱动开关时要适当插入死区时间，防止Q_H和Q_L同时接通。死区时间内，开关的体二极管导通会产生些许二极管损耗，所以要尽可能缩短死区时间以降低损耗。

2.2 使用两个电感的斩波电路

2.2.1 电路结构

　　除了2.1节中的斩波电路，通用型斩波电路还包括电感变换器（single-ended primary inductor converter，SEPIC）、Zeta变换器、Cuk变换器和Superbuck变换器，如图2.11所示。这些电路中除了开关Q和二极管D以外，还有两个电感L_1和L_2，以及电容器C。SEPIC和Zeta变换器都是非反转型升降压斩波，并不控制Q的占空比；Cuk变换器是极性反转型升降压斩波；Superbuck变换器是非反转型降压斩波。

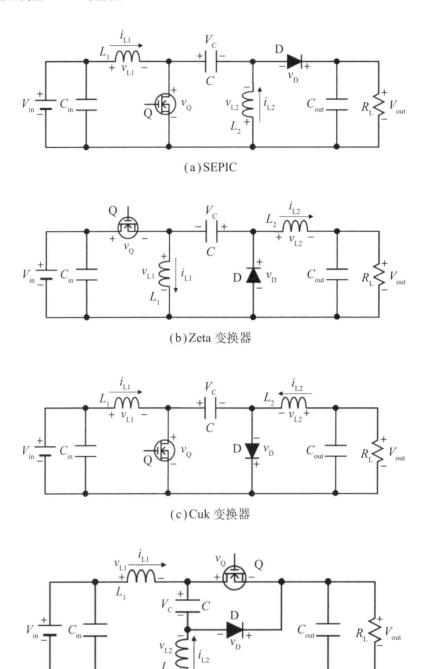

(a) SEPIC

(b) Zeta 变换器

(c) Cuk 变换器

(d) Superbuck 变换器

图2.11　具有两个电感的斩波电路

2.2.2　特　征

上述电路中都有两个电感，工作时它们的电压相同，电感相同时电流纹波也相同。因此我们可以将两个电感合二为一，组成耦合电感。

2.1节中的斩波电路中，即使在切断电路时，MOSFET的体二极管也仍然存在，因此输入输出无法绝缘，输入输出端子上会产生电压。如果在电池等电压源负载中使用图2.1的降压斩波，即使去除输入电压源，输入端也会通过体二极管产生电压源负载的电压V_{out}。同样，图2.2中的升压斩波中，切断电路时，负载端也会通过二极管D产生电压源负载的电压V_{in}。因此针对不同用途和需要，这些斩波电路不仅要能够切断电路，还要附加开关和继电器等，以便于分离输入输出端子。而图2.11的电路中，由于电容器C的存在，输入输出端子得以直流绝缘，电路断开时输入输出端子能够互不干涉地分离开来。

2.1节的升降压斩波（图2.3）中，输入输出的电压极性必然反转，所以无法用于对同一极性的输出电压有要求的场合。而SEPIC和Zeta变换器是非反转型升降压斩波，适合需要非反转的功率变换电路的一般用途。

Cuk变换器与图2.3的升降压斩波同样属于极性反转型斩波，结构上输入输出双方与电感串联，输入输出均有低纹波电流特性。因此与图2.3的升降压斩波相比，Cuk变换器更适合用于输入输出滤波电容器的容量减小和小型化。

Superbuck变换器与图2.1的降压斩波同属于极性非反转型降压斩波，输入输出都表现出低纹波电流特性。输出端未连接电感，开关Q和二极管D供给输出电流时交替导通，表现出低纹波电流输出特性。

与2.1.4节中的降压斩波DCM相同，这些变换器也在轻负载时进行DCM工作。将开关替换为D可以使变换器在同步整流模式下工作。

2.2.3 SEPIC的简易工作解析

SEPIC的工作波形和工作模式分别如图2.12和图2.13所示。所有元件均为理想元件，忽略Q的导通电阻和D的正向压降。同时假设C的容量够大，无电压变动；L_1和L_2的电感相等（$L_1 = L_2$）。

C的正极端子通过L_1连接输入电源V_{in}，C的负极端子通过L_2接地。稳态下，电感的平均电压为0，所以C的平均电压V_{C}如下式所示：

$$V_{\text{C}} = V_{\text{in}} \tag{2.19}$$

根据Q的驱动状态，SEPIC以两种模式工作。

Mode 1：Q导通，D为非导通状态。如图2.13(a)所示，L_1通过Q得到输入电压V_{in}，L_2通过Q得到V_{C}（$= V_{\text{in}}$）。所以Mode 1中的L_1和L_2的电压和电流变化率为

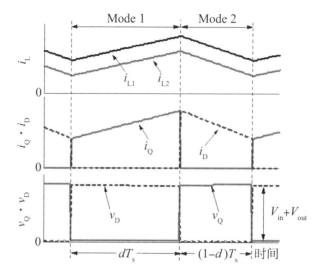

图2.12　SEPIC的工作波形

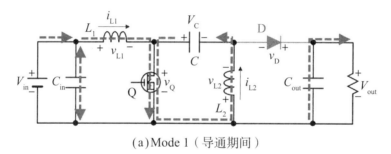

（a）Mode 1（导通期间）

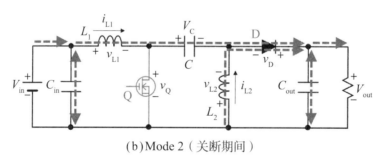

（b）Mode 2（关断期间）

图2.13　SEPIC的工作模式

$$\begin{cases} v_{L1} = V_{in} \\ v_{L2} = V_C = V_{in} \\ L_1 \dfrac{di_{L1}}{dt} = L_2 \dfrac{di_{L2}}{dt} = V_{in} > 0 \end{cases} \qquad （2.20）$$

二者的L上都有正电压V_{in}，电流线性增加，储存电能。如果两个L的电感相等，则电流变化率也相等。此模式下i_{L1}和i_{L2}都通过Q，所以Q的电流为$i_Q = i_{L1}+i_{L2}$。D上的电压是V_C和V_{out}的和，所以$v_D = V_{in}+V_{out}$。

Mode 2：上一个模式中通过Q的i_{L1}和i_{L2}在Q关断的同时换流至D。根据图2.13(b)的电路，各个L的电压和电流变化率为：

$$\begin{cases} v_{L1} = V_{in} - V_C - V_{out} = -V_{out} \\ v_{L2} = -V_{out} \\ L_1 \dfrac{di_{L1}}{dt} = L_2 \dfrac{di_{L2}}{dt} = -V_{out} < 0 \end{cases} \quad (2.21)$$

L上的电压都为负值，所以电流线性减小，释放电能。Q上的电压为V_C和V_{out}的和，所以$v_Q = V_{in} + V_{out}$。Mode 2中i_{L1}和i_{L2}都通过D，所以D的电流为$i_D = i_{L1} + i_{L2}$。

SEPIC中L的电压来自式（2.20）和式（2.21），从这些公式中可以得出SEPIC的输出输入电压比为

$$T_{on} V_{in} + T_{off} (-V_{out}) = 0$$
$$\rightarrow V_{out} = \frac{d}{1-d} V_{in} \quad (2.22)$$

图2.14中展示了式（2.22）的输出输入电压比（V_{out}/V_{in}）与d的关系。$d < 0.5$时，$V_{out}/V_{in} < 1$，变换器降压工作；$d > 0.5$时，$V_{out}/V_{in} > 1$，变换器升压工作。所以SEPIC能够进行具有降压和升压两种工作模式的升降压斩波工作。

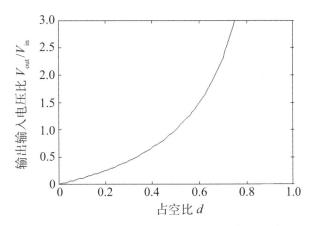

图2.14 SEPIC的输出输入电压比与d的关系

2.2.4 Superbuck变换器的简单工作解析

Superbuck变换器的工作波形和工作模式分别如图2.15和图2.16所示。所有元件均为理想元件，忽略Q的导通电阻和D的正向压降。同时假设C的容量够大，无电压变动；L_1和L_2的电感相等（$L_1 = L_2$）。

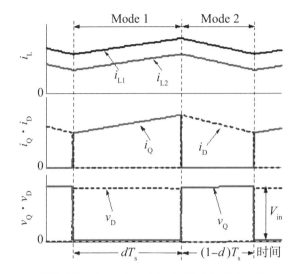

图2.15　Superbuck变换器的工作波形

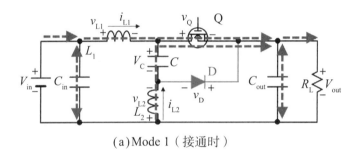

（a）Mode 1（接通时）

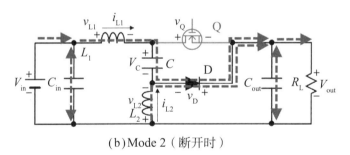

（b）Mode 2（断开时）

图2.16　Superbuck变换器的工作模式

C的正极端子通过L_1连接输入电源V_{in}，负极端子通过L_2接地。稳态下，电感的平均电压为0，所以C的平均电压V_C如下式所示：

$$V_C = V_{in} \tag{2.23}$$

Mode 1：Q导通，两个电感电流i_{L1}和i_{L2}通过Q。D为非导通状态。根据图2.16(a)的电路，L_1和L_2的电压和电流变化率为

$$\begin{cases} v_{L1} = V_{in} - V_{out} \\ v_{L2} = V_C - V_{out} = V_{in} - V_{out} \\ L_1 \dfrac{di_{L1}}{dt} = L_2 \dfrac{di_{L2}}{dt} = V_{in} - V_{out} > 0 \end{cases} \qquad (2.24)$$

因为Superbuck变换器为降压型斩波，所以$V_{in}-V_{out}$为正值，因此双方的L电流都线性增加，储存电能。若两个L的电感相等，则电流变化率也相等。

Mode 2：上一个模式中通过Q的i_{L1}和i_{L2}在Q关断的同时通过D。根据图2.16(b)的电路，各个电感的电压和电流变化率为

$$\begin{cases} v_{L1} = V_{in} - V_C - V_{out} = -V_{out} \\ v_{L2} = -V_{out} \\ L_1 \dfrac{di_{L1}}{dt} = L_2 \dfrac{di_{L2}}{dt} = -V_{out} < 0 \end{cases} \qquad (2.25)$$

L的电压都为负值，所以电流线性降低，释放电能。

Superbuck变换器中的L电压来自式（2.24）和式（2.25），从这些公式中可以得出Superbuck变换器的输出输入电压比

$$\begin{aligned} T_{on}(V_{in} - V_{out}) + T_{off}(-V_{out}) = 0 \\ \rightarrow V_{out} = dV_{in} \end{aligned} \qquad (2.26)$$

上式与式（2.9）完全相同，V_{out}一定低于V_{in}，所以Superbuck变换器为降压斩波工作。输出输入电压比与图2.6的特性相同。

2.3 H桥升降压斩波电路

2.3.1 电路结构和特征

2.1节中，图2.3中的升降压斩波支持升压和降压两种模式，但是输入输出电压的极性反转，用途受限。图2.11中的SEPIC和Zeta变换器是输入输出电压极性相同的非反转型升降压斩波，但由于需要两个电感，所以无法实现小型化。

图2.17中的H桥升降压斩波是输入输出电压极性相同的非反转型斩波电路。虽然分别需要两个开关和二极管，但电感只有一个，与SEPIC和Zeta变换器等相比更易于小型化。将二极管替换为开关后，可以实现双向功率变换和同步整流模式工作。

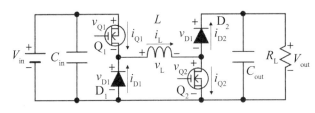

图2.17　H桥升降压斩波

　　根据不同的开关驱动方式，电路可以选择降压模式、升压模式或升降压模式工作。降压模式下，开关Q_2始终处于断态，用PWM切换开关Q_1，因此二极管D_2始终与电感L串联，电路以降压斩波模式工作。升压模式下，Q_1始终处于通态，用PWM切换开关Q_2，D_1始终断开，Q_1始终与L并联，电路以升压斩波模式工作。升降压模式下，Q_1和Q_2都可以切换，但是为了生成开关驱动信号（栅极-源极电压），只能采取单载波的同步驱动或两个三角波载波相位差为180°的交替驱动[2, 3]。同步驱动只有一个载波，可以简化控制系统。交替驱动需要两个三角波载波，控制系统较复杂，但与同步驱动相比，L的电流纹波更低，并且能够实现L的小型化。同步驱动和交替驱动时的L的电流波纹情况比较请参考2.3.3节。

　　降压模式和升压模式的工作原理与图2.1和图2.2的电路相通，本书仅讲解升降压模式（同步驱动和交替驱动）的工作原理。

2.3.2　工作解析（同步驱动和交替驱动）

　　H桥升降压斩波工作模式如图2.18所示。同步驱动时变换器只有Mode 1和Mode 2两种模式。而交替驱动时，变换器以占空比为$d = 0.5$为界改变工作模式。

　　Mode 1中Q_1和Q_2都处于通态，L上附加了V_{in}，L的电流i_L增加，储存电能。Mode 2中Q_1和Q_2都处于断态，D_1和D_2导通。L的电压$-V_{out}$为负值，i_L降低，L向负载释放电能。Mode 3中Q_1和D_2导通，L的电压为$V_{in}-V_{out}$，L充电还是放电取决于V_{in}和V_{out}的大小关系。Mode 4中Q_2和D_1导通，所以L短路，因此L的电压为0，假设电路的电阻成分为0，Mode 4中i_L的值是一定的。

　　各个工作模式下L的电压v_L总结如下：

$$v_L = \begin{cases} V_{in} & (\text{Mode 1}) \\ -V_{out} & (\text{Mode 2}) \\ V_{in} - V_{out} & (\text{Mode 3}) \\ 0 & (\text{Mode 4}) \end{cases} \qquad (2.27)$$

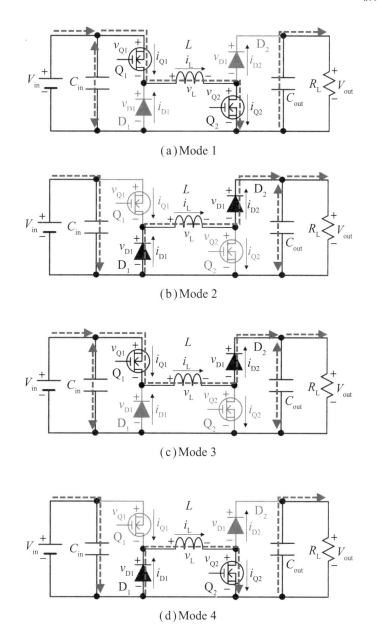

(a) Mode 1

(b) Mode 2

(c) Mode 3

(d) Mode 4

图2.18 H桥升降压斩波的工作模式

同步驱动的工作波形如图2.19所示。Q_1和Q_2都通过相同载波v_{tri}和指令值V_{ref}比较生成的栅极驱动电压v_{gs1}和v_{gs2}进行驱动。同步驱动模式通过Mode 1和Mode 2工作。设载波的峰峰电压为V_{pp}，占空比为$d = V_{ref}/V_{pp}$，Mode 1和Mode 2的长度分别为dT_s和$(1-d)T_s$，稳态下L的平均电压为0，根据式（2.27）中得出的v_L和各个工作模式的长度，可以算出同步驱动的输出输入电压比：

$$V_{out} = \frac{d}{1-d} V_{in} \qquad (2.28)$$

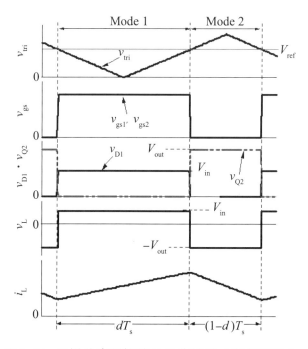

图2.19 H桥升降压斩波的工作波形（同步驱动）

交替驱动的工作波形如图2.20所示。交替驱动中，两个三角波载波（v_{tri1}和v_{tri2}）和指令值V_{ref}会产生Q_1和Q_2的栅极驱动电压v_{gs1}和v_{gs2}。$d < 0.5$时，变换器经过Mode 2、Mode 3和Mode 4工作；$d > 0.5$时，工作模式在Mode 1、Mode 3和Mode 4之间反复；$d = 0.5$时，只在Mode 3和Mode 4之间切换。

根据$d = V_{ref}/V_{pp}$的定义，$d < 0.5$时，Mode 3和Mode 4的长度为dT_s，Mode 2的长度为$(0.5-d)T_s$；$d > 0.5$时，Mode 1的长度为$(d-0.5)T_s$，Mode 3和Mode 4的长度为$(1-d)T_s$。

根据各种工作模式的长度和式（2.27）可以得到v_L，通过v_L可以导出交替驱动的输出输入电压比，与式（2.28）相同。也就是说，无论采用哪一种驱动方式，H桥升降压斩波的输出输入电压比都可以用同一个公式表示。

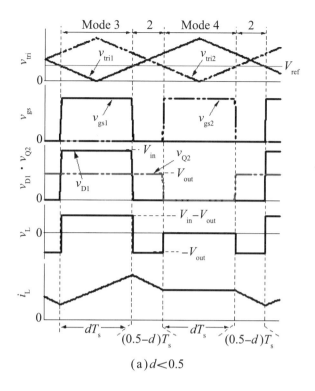

（a）$d<0.5$

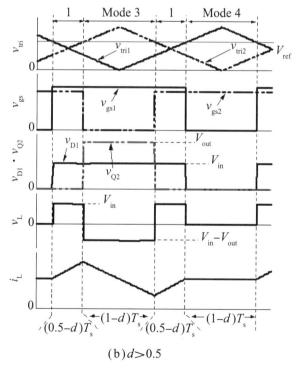

（b）$d>0.5$

图2.20 H桥升降压斩波的工作波形（交替驱动）

2.3.3　电感的纹波电流

本节主要比较同步驱动和交替驱动的电感纹波电流 ΔI_L。ΔI_L 取决于各种工作模式的长度和 v_L 的乘积。同步驱动时的 ΔI_L 为

$$\Delta I_L = \frac{d V_{in} T_s}{L} \tag{2.29}$$

同样，交替驱动时的 ΔI_L 为

$$\Delta I_L = \begin{cases} \dfrac{d(1-2d)}{1-d} \dfrac{V_{in} T_s}{L} & (d < 0.5) \\[3mm] (2d-1)\dfrac{V_{in} T_s}{L} & (d > 0.5) \end{cases} \tag{2.30}$$

上式中的纹波电流 ΔI_L 除以 $V_{in} T_s / L$ 后的归一化纹波电流如图2.21所示。交替驱动时，d 的所有区域的纹波电流降低。也就是说，纹波电流相同时，交替驱动可以选择较小的电感，使 L 小型化。此外，交替驱动下，$d = 0.5$ 时归一化纹波电流为0。$d = 0.5$ 时仅经过Mode 3和Mode 4两个工作模式，由式（2.28）可知 $V_{in} = V_{out}$，这是因为无论哪一种工作模式，v_L 都为0（参考式（2.27））。

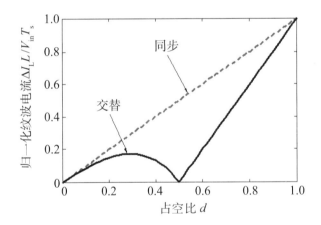

图2.21　H桥升降压斩波的电感电流纹波

参考文献

［1］ J.G.Kassakian, M.F.Schlecht, G.C.Verghese. Principle of Power Electronics. 日刊工業新聞社, 1997年.

［2］ I.Aharon, A.Kuperman, D.Shmilovitz. Analysis of dual-carrier modulator for bidirectional noninverting buck-boost converter. IEEE Trans. Power Electron, 2015, 30(2): 840-84.

［3］ H.Xiao, S.Xie. Interleaving double-switch buck-boost converter. IET Power Electron, 2012, 5(6): 899-908.

第3章

隔离型DC-DC变换器

我们在第2章中介绍了功率变换电路中最基础的结构——非隔离型DC-DC变换器（斩波电路）。本章我们将讲解直流功率变换电路通过加入变压器而令输入输出端子电气绝缘的隔离型DC-DC变换器。

3.1 Flybuck变换器

3.1.1 电路结构

Flybuck变换器的电路结构如图3.1所示。图中的变压器与励磁电感L_{mg}组成理想的变压器。Flybuck变换器利用L_{mg}的充放电工作进行功率变换，由于L_{mg}需要储存电能，一般情况下采用带气隙的磁芯。气隙中的漏磁通使得变压器的漏感L_{kg}较大，为了更详细地解析工作过程，还需要考虑L_{kg}以及保护电路不受L_{kg}产生的尖峰电压影响的缓冲电路。本节忽略L_{kg}，考虑L_{kg}因素的工作情况请参考3.1.3节。

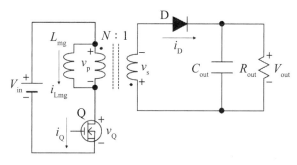

图3.1 Flybuck变换器（不含L_{kg}和缓冲电路）

Flybuck变换器相当于将非隔离型变换器升降压斩波中的电感L替换为变压器，因此Flybuck变换器的工作酷似升降压斩波。如图3.2所示，将升降压斩波中的L替换为变压器，同时调整了开关和二极管的位置。变压器的二次绕组极性反转是为了画图时输出电压的极性不反转（画图时负载的上端子为正，下端子为负）。

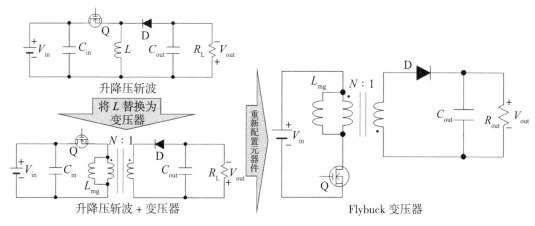

图3.2 从升降压斩波导出Flybuck变换器

3.1.2　工作解析

　　Flyback变换器（不含L_{kg}和缓冲电路）的工作波形和工作模式分别如图3.3和图3.4所示。假设所有元件均为理想元件，忽略Q的导通电阻和D的正向压降。

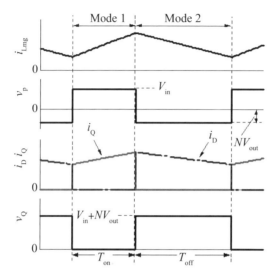

图3.3　Flybuck变换器（不含L_{kg}和缓冲电路）的工作波形

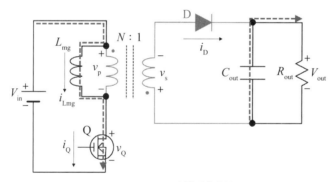

（a）Mode 1（导通期间）

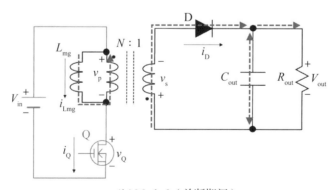

（b）Mode 2（关断期间）

图3.4　Flybuck变换器的工作模式（不含L_{kg}和缓冲电路）

变换器根据Q的驱动状态以两种模式工作。

Mode 1：Q导通，L_{mg}上施加输入电压V_{in}。开关Q中的电流与L_{mg}的电流i_{Lmg}相同，从下式中可以推导出Q的电压v_Q、电流i_Q、L_{mg}的电压v_{Lmg}（即一次绕组电压v_p）和电流i_{Lmg}：

$$\begin{cases} v_Q = 0 \\ i_Q = i_{mg} \end{cases} \tag{3.1}$$

$$\begin{cases} v_{Lmg} = V_{in} \\ \dfrac{di_{Lmg}}{dt} = \dfrac{V_{in}}{L_{mg}} > 0 \end{cases} \tag{3.2}$$

此模式下di_{Lmg}/dt为正值，i_{Lmg}线性增加，励磁电感L_{mg}储存电能（充电）。

变压器二次绕组中产生电压$v_s = NV_{in}$，而二极管D为反向偏置，因此没有电流。所以D的电压v_D和电流i_D如下式所示：

$$\begin{cases} v_D = NV_{in} + V_{out} \\ i_D = 0 \end{cases} \tag{3.3}$$

其中，N为变压器匝数比。

Mode 2：Q关断，L_{mg}开始释放电能（放电）。变压器的一次和二次绕组上产生与Mode 1中极性相反的电压，变压器二次侧的D开始导通。一次绕组中的i_{Lmg}进入二次侧，经过D流向负载，所以D和L_{mg}的状态如下式所示：

$$\begin{cases} v_D = 0 \\ i_D = Ni_{Lmg} \end{cases} \tag{3.4}$$

$$\begin{cases} v_{Lmg} = -NV_{out} \\ \dfrac{di_{Lmg}}{dt} = \dfrac{-NV_{out}}{L} < 0 \end{cases} \tag{3.5}$$

相对的，Q中没有电流，Q上的电压为V_{in}和一次绕组电压v_p的和，所以

$$\begin{cases} v_Q = V_{in} + NV_{out} \\ i_Q = 0 \end{cases} \tag{3.6}$$

设Mode 1（导通期间）的占空比为d，通过式（3.2）和式（3.5），将电压和时间的乘积为0代入L_{mg}，则可以通过下式导出输出输入电压比：

$$V_{\text{out}} = \frac{1}{N}\frac{d}{1-d}V_{\text{in}} \qquad\qquad (3.7)$$

上式是将升降压斩波的变压比除以变压器匝数比 N。输入输出电压极性相同，如3.1.1节所述，为了使输出电压极性不反转，要反转变压器二次绕组的极性，如图3.2所示。

3.1.3　含缓冲电路的工作解析

为便于理解，上一节中我们在忽略漏感 L_{kg} 的前提下进行了解析。而实际操作中，Flybuck变换器的变压器气隙中的漏磁通会使 L_{kg} 的值增大，带来不容小视的影响。图3.5为含 L_{kg} 的工作模式示意图。导通期间 L_{kg} 和 L_{mg} 中电流相同，L_{kg} 进行充电，储存电能。Q关断时，L_{mg} 中储存的电能通过变压器进入二次侧，但是 L_{kg} 会向Q释放电能。这时Q由于 $\mathrm{d}i_Q/\mathrm{d}t$ 的变化率而被切断，L_{kg} 两端产生电压 $L_{\text{kg}}\times \mathrm{d}i_Q/\mathrm{d}t$。一般情况下，MOSFET会以数A/ns以上的速度关断，数百nH～数μH的 L_{kg} 也会产生数百V以上的尖峰电压，因此Q在关断时容易受损。

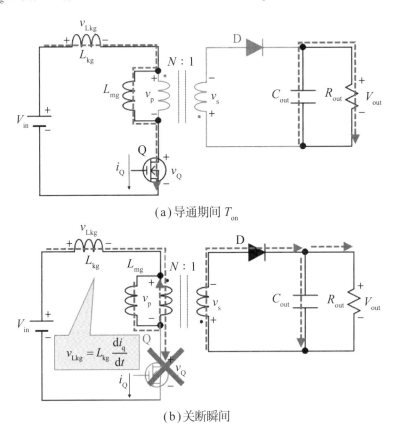

(a) 导通期间 T_{on}

(b) 关断瞬间

图3.5　L_{kg} 产生的尖峰电压使开关破损

缓冲电路通常用于保护开关不受尖峰电压的伤害。Flybuck变换器通常使用图3.6中的RCD缓冲。关断时，L_{kg}释放出的电能经过缓冲二极管D_{sn}储存在缓冲电容器C_{sn}中，这些电能又消耗在缓冲电阻R_{sn}上。L_{kg}释放出的电能被C_{sn}吸收，这样能够防止Q上产生尖峰电压。但是L_{kg}储存的电能被R_{sn}以热量的方式消耗，所以变换器功率转换效率恶化。除了RCD缓冲之外，还有很多无损缓冲能使L_{kg}的电能在电源V_{in}中再生，本书暂不做详述。

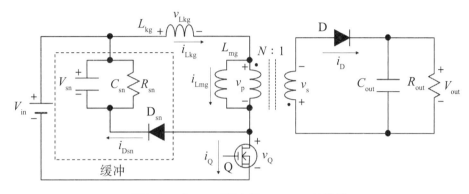

图3.6 含RCD缓冲的Flybuck变换器

采用RCD缓冲的Flybuck变换器，其工作波形和工作模式分别图3.7和图3.8。

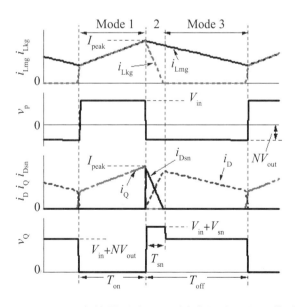

图3.7 Flybuck变换器（含L_{kg}和缓冲电路）的工作波形

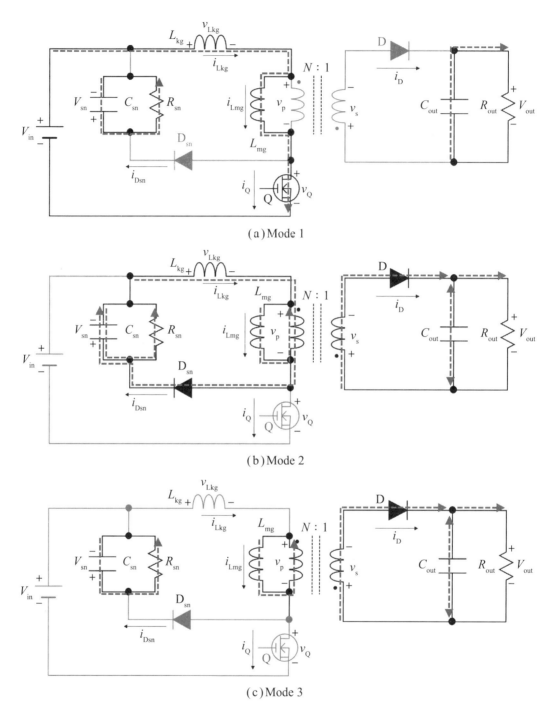

（a）Mode 1

（b）Mode 2

（c）Mode 3

图3.8 Flybuck变换器的工作模式（含L_{kg}和缓冲电路）

为了明确展示RCD缓冲电路的工作过程，图中描绘出的C_{sn}吸收L_{kg}电能的时间（Mode 2）较长，而实际上吸收L_{kg}电能的时间非常短。下面我们重点讲解缓冲电路的工作。

Mode 1：Q导通，L_{kg}中的电流与L_{mg}相同，L_{kg}储存电能。Mode 1末期，L_{kg}的电流i_{Lkg}达到最大，设其值为I_{peak}。

Mode 2：Q关断，L_{kg}的电能通过D_{sn}被C_{sn}吸收。假设这时C_{sn}的电压恒定为V_{sn}，则L_{kg}的电压v_{Lkg}和Mode 2的i_{Lkg}的时间变化如下式所示：

$$\begin{cases} v_{Lkg} = -V_{sn} - v_p = -V_{sn} + NV_{out} \\ i_{Lkg} = I_{peak} + \dfrac{-V_{sn} + NV_{out}}{L_{kg}}t \end{cases} \tag{3.8}$$

Mode 2末期，$i_{Lkg} = 0$，代入式（3.8）后可以导出Mode 2的长度T_{sn}，如下式所示：

$$T_{sn} = \frac{L_{kg}I_{peak}}{V_{sn} - NV_{out}} \tag{3.9}$$

D_{sn}导通期间，Q的电压为V_{in}与V_{sn}的和。整个周期Q上会产生最高电压应力，所以在设计时Q的耐压必须高于$V_{in}+V_{sn}$。

Mode 3：i_{Lkg}为0，D_{sn}非导通。C_{sn}上储存的电能被R_{sn}消耗。而Q上的电压为$V_{in}+NV_{out}$，与没有缓冲电路时的关断期间（参考图3.4）相同。

i_{Dsn}只出现在Mode 2（T_{sn}期间），是底边为T_{sn}、高度为I_{peak}的锯齿状电流，因此根据I_{peak}和T_{sn}，通过下式能够算出D_{sn}的平均电流I_{Dsn}：

$$I_{Dsn} = \frac{I_{peak}T_{sn}}{2T_s} = \frac{L_{kg}I_{peak}^2}{2T_s(V_{sn} - NV_{out})} \tag{3.10}$$

假设C_{sn}的容量足够大，V_{sn}恒定，则通过I_{Dsn}能够算出V_{sn}：

$$V_{sn} = I_{Dsn}R_{sn} \tag{3.11}$$

由上式可知，降低R_{sn}的值即可降低V_{sn}和Q的电压应力。但是R_{sn}偏低会增加缓冲电路的损耗，使得变换器效率下降，所以在确定R_{sn}值时要考虑Q的耐压和变换器的效率因素。

3.2　正激变换器

3.2.1　电路结构

正激（Forward）变换器的电路结构如图3.9所示。图中变压器由励磁电感L_{mg}和三绕组理想变压器组合而成。与Flybuck变换器不同，Forward变换器并不积极利用励磁电感L_{mg}储存的电能进行功率变换。Forward变换器的变压器漏磁通和漏感L_{kg}较小，在解析工作时可以忽略L_{kg}的影响。但是为变压器施加电压时，储存在L_{mg}上的励磁电能会在每个周期重启，因此需要辅助电路。

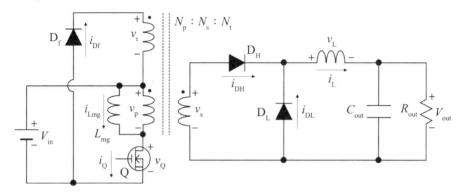

图3.9　Forward变换器

　　Forward变换器相当于在降压斩波这种非隔离型变换器中加入了变压器和励磁电能重启电路。如图3.10所示，降压斩波中加入变压器使输入输出绝缘。图3.10的降压斩波中，开关Q和二极管D_H串联，但是如第2章所述，Q中只有单向电流，所以Q和D_H串联时，工作状态也完全相同。在Q和D_H之间插入变压器，使输入输出绝缘，然后将Q的位置改到接地端，增加三次绕组和二极管D_f以回收励磁电能，导出Forward变换器。

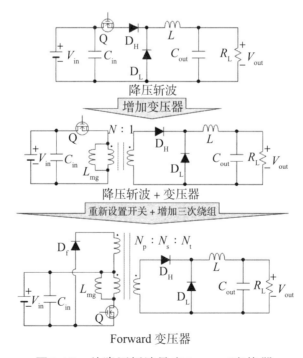

图3.10　从降压斩波导出Forward变换器

3.2.2 工作解析

Forward变换器的工作波形和工作模式分别如图3.11和图3.12所示。

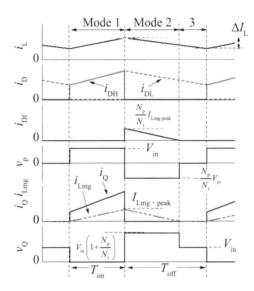

图3.11 Forward变换器的工作波形

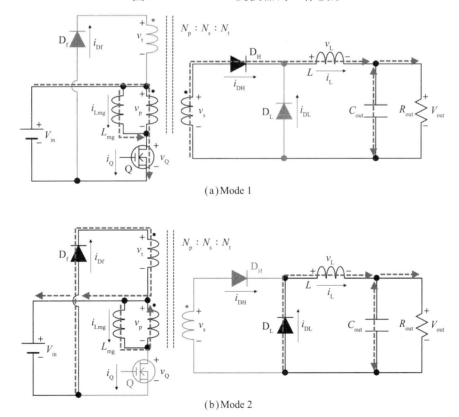

(a) Mode 1

(b) Mode 2

图3.12 Forward变换器的工作模式

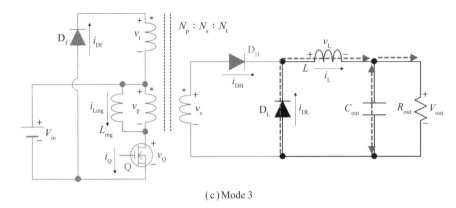

（c）Mode 3

续图3.12

根据Q的驱动状态和D_f的导通状态，变换器的工作模式分为三种。

Mode 1：Q导通，在变压器一次绕组上施加输入电压V_{in}，从下式中可以得出Q的电压v_Q和电流i_Q，以及L_{mg}的电压v_{Lmg}和电流i_{Lmg}：

$$\begin{cases} v_Q = 0 \\ i_Q = i_{Lmg} + \dfrac{N_s}{N_p} i_L \end{cases} \tag{3.12}$$

$$\begin{cases} v_{Lmg} = v_p = V_{in} \\ i_{Lmg} = \dfrac{V_{in}}{L_{mg}} t \end{cases} \tag{3.13}$$

其中，v_p为一次绕组电压；i_{Lmg}取Mode 1的末期峰值$I_{Lmg.peak}$：

$$I_{Lmg.peak} = \frac{V_{in} d T_s}{L_{mg}} \tag{3.14}$$

其中，d为Mode 1的占空比。

此外，二次绕组上产生电压v_s，D_H开始导通，电感L的电压v_L为：

$$v_L = v_s - V_{out} = \frac{N_s}{N_p} V_{in} - V_{out} \tag{3.15}$$

Mode 2：随着Q关断，i_{Lmg}通过三次绕组和D_f被回收至电源。Q和L_{mg}的状态如下式所示：

$$\begin{cases} v_Q = V_{in} - v_p = \left(1 + \dfrac{N_p}{N_t}\right) V_{in} \\ i_Q = 0 \end{cases} \tag{3.16}$$

$$\begin{cases} v_{\mathrm{Lmg}} = -\dfrac{N_\mathrm{p}}{N_\mathrm{t}}\dfrac{V_{\mathrm{in}}}{L_{\mathrm{mg}}} \\[3mm] i_{\mathrm{Lmg}} = I_{\mathrm{Lmg.peak}} - \dfrac{N_\mathrm{p}}{N_\mathrm{t}}\dfrac{V_{\mathrm{in}}}{L_{\mathrm{mg}}}t \end{cases} \tag{3.17}$$

另一方面，二次侧D_L开始导通，v_L如下式所示：

$$v_{\mathrm{L}} = -V_{\mathrm{out}} \tag{3.18}$$

i_{Lmg}降低至0时，D_f变为非导通状态，工作进入下一个模式。

Mode 3：一次侧和三次侧没有电流，变压器的绕组电压也是0，所以$v_{\mathrm{Q}} = V_{\mathrm{in}}$。二次侧$i_L$延续Mode 2的工作状态，$i_L$继续通过$D_L$。

设Mode 1（导通期间）的占空比为d，L的电压和时间的乘积为0，代入式（3.15）和式（3.18），可以导出Forward变换器的输出输入电压比：

$$V_{\mathrm{out}} = \frac{N_\mathrm{s}}{N_\mathrm{p}}dV_{\mathrm{in}} \tag{3.19}$$

这个公式相当于降压斩波的变压比和一次、二次匝数比的乘积。也就是说，Forward变换器相当于降压斩波中加入变压器。

为了重置i_{Lmg}，关断期间$T_{\mathrm{off}} = (1-d)T_{\mathrm{s}}$，$i_{\mathrm{Lmg}}$必须为0，所以要想重置变压器，必须满足下式：

$$I_{\mathrm{Lmg.peak}} - \frac{N_\mathrm{p}}{N_\mathrm{t}}\frac{V_{\mathrm{in}}}{L_{\mathrm{mg}}}(1-d)T_{\mathrm{s}} \leq 0 \;\rightarrow\; \frac{N_\mathrm{p}}{N_\mathrm{t}} \geq \frac{d}{1-d} \tag{3.20}$$

无法满足上式时，L_{mg}中就会持续有较大的直流电流通过，直流电流成分重叠容易引起工作时磁芯饱和。

3.3 基于斩波电路的其他隔离型DC-DC变换器

截至本节，我们讲解了典型的隔离型变换器——Flyback变换器和Forward变换器。这些隔离型变换器相当于在非隔离型变换器中的升降压斩波和降压斩波中加入变压器。第2章介绍了包含两个电感的斩波电路，这些斩波电路也可以通过加入变压器导出隔离型变换器。

SEPIC、Zeta变换器、Cuk变换器转换为隔离型变换器的电路如图3.13所示。SEPIC和Zeta变换器与Flyback变换器相同，相当于将电感替换为变压器，利用励磁电感L_{mg}的充放电。而Cuk变换器的变压器与Forward变换器相同，不积极利用L_{mg}，仅以输入输出的绝缘为目的。

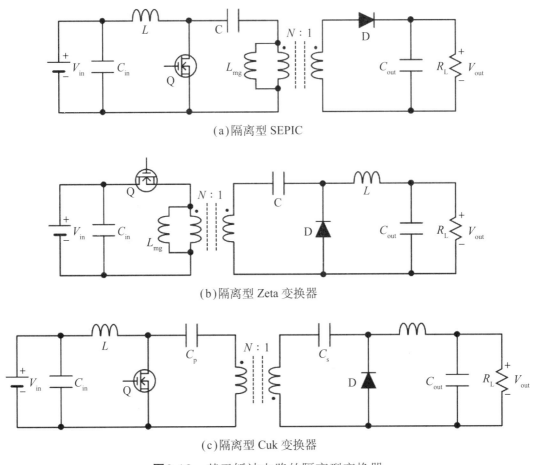

(a)隔离型 SEPIC

(b)隔离型 Zeta 变换器

(c)隔离型 Cuk 变换器

图3.13　基于斩波电路的隔离型变换器

3.4　采用桥式电路的隔离型DC−DC变换器

此前我们介绍了基于斩波电路的隔离型变换器，本节开始讲解桥式电路的矩形波电压发生电路（逆变器）和二极管整流电路组合构成的隔离型变换器。

图3.14是隔离型变换器的概念图。这种变换器将矩形波电压发生电路中产生的高频交流电压施加给变压器一次绕组。传输给二次侧的交流电通过整流电路转换为直流，最终经LC滤波器过滤。一次侧电路和二次侧电路组合后，名称也发生变化，在后面的章节中我们将讲解两种典型方式（半桥中间抽头变换器和非对称半桥变换器）的工作情况。

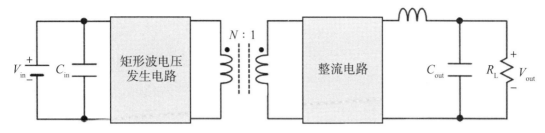

图3.14 隔离型变换器的概念图

图3.15是矩形波电压发生电路（含变压器）示例。全桥逆变器电路用相同的占空比驱动对角开关（Q_{aH}和Q_{bL}，Q_{aL}和Q_{bH}），使变压器一次绕组上产生 ± V_{in} 的电压。图3.15中的电路能够向变压器提供最大电压，适合大功率变换器。半桥逆变器电路中分压电容器C_H和C_L将输入电压一分为二，用相同的占空比交替驱动Q_H和Q_L，使变压器一次绕组上产生 ± V_{in}/2 的电压。与全桥电路相比，虽然开关数量减半，但变压器的外施电压也会减半。非对称半桥逆变器可以减少电容器的数量，但是当占空比不为0.5时，变压器的励磁电流中会发生直流偏磁，产生直流电流成分，磁芯容易饱和。推挽逆变器需要有中间抽头变压器，虽然这样会使变压器的构造变得复杂，但是由于两个开关都接地，栅极驱动电路得以简化。

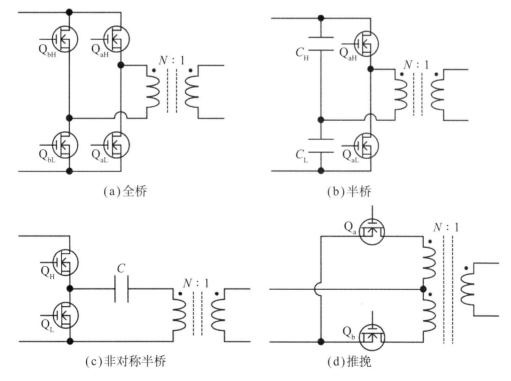

(a)全桥   (b)半桥

(c)非对称半桥   (d)推挽

图3.15 一次侧矩形波电压发生电路（逆变器）

　　整流电路（含变压器）示例如图3.16所示。这些整流电路相当于在图3.15的矩形波电压生成电路中将开关替换为二极管。假设变压器二次侧产生的电压为 $\pm V_s$，则整流后的直流电压在全桥整流电路（全波整流电路）和中间轴头整流电路中为 V_s，在倍压电路中为 $2V_s$。

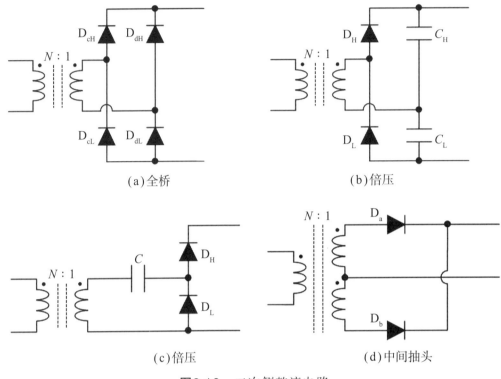

(a)全桥　　　　　　　　　　　　　(b)倍压

(c)倍压　　　　　　　　　　　　　(d)中间抽头

图3.16　二次侧整流电路

3.5　半桥中间抽头变换器

3.5.1　电路结构

　　半桥中间抽头变换器的电路结构如图3.17所示。正如其名，这种隔离型变换器采用了半桥逆变器和中间抽头整流电路。图中一次侧电路的a点和b点是变压器连接逆变器的节点，a–b之间的电压 v_{ab} 相当于变压器一次绕组上的电压。

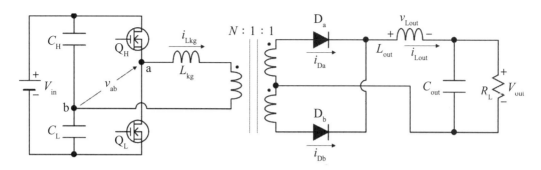

图3.17 半桥中间抽头变换器

3.5.2 工作解析

半桥中间抽头变换器的工作波形和工作模式分别如图3.18和图3.19所示。

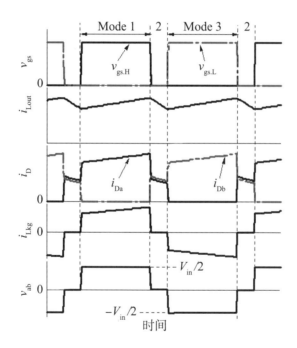

图3.18 半桥中间抽头变换器的工作波形

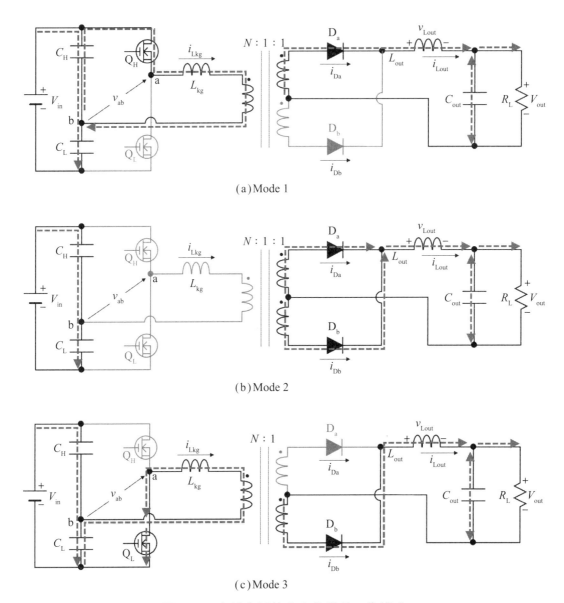

(a) Mode 1

(b) Mode 2

(c) Mode 3

图3.19　半桥中间抽头变换器的工作模式

$v_{\mathrm{gs.H}}$ 和 $v_{\mathrm{gs.L}}$ 分别是高边开关 Q_H 和低边开关 Q_L 的栅极电压。半桥逆变器的输入电压 V_{in} 被分压电容器 C_H 和 C_L 一分为二，用相同的占空比交替驱动 Q_H 和 Q_L，能够在 v_{ab} 产生 ± $V_{\mathrm{in}}/2$ 的电压。

Mode 1：Q_H 导通，C_H 的电压 $V_{\mathrm{in}}/2$ 施加在变压器上（即 v_{ab} 为 $V_{\mathrm{in}}/2$）。若漏感 L_{kg} 的电压降极小，则二次绕组上产生 $V_{\mathrm{in}}/2N$。二极管 D_a 导通，所以 D_a 的电流 i_{Da} 等于电感 L_{out} 的电流 i_{Lout}。L_{out} 上的电压 v_{Lout} 如下式所示：

$$v_{\text{Lout}} = \frac{V_{\text{in}}}{2N} - V_{\text{out}} > 0 \tag{3.21}$$

$v_{\text{Lout}} > 0$，所以i_{Lout}线性上升。

Mode 2：Q_{H}关断，理论上除分压电容器以外，变压器一次侧电路中没有电流（实际上L_{kg}和开关的输出电容C_{oss}之间产生谐振）。但是二次侧电路中L_{out}中仍有续流，发生两个二极管同时导通的"换流重叠"。这种模式下两个二极管导通，绕组电压为0，L_{out}上的电压v_{Lout}如下式所示：

$$v_{\text{Lout}} = -V_{\text{out}} < 0 \tag{3.22}$$

$v_{\text{Lout}} < 0$，所以i_{Lout}线性降低，

Mode 3：Q_{L}导通，C_{L}的电压$V_{\text{in}}/2$施加在变压器上，v_{ab}为$-V_{\text{in}}/2$。二次侧电路中D_{b}导通，D_{b}的电流i_{Db}等于i_{Lout}。与Mode 1相比，导通的二极管不同，但是Mode 3的v_{Lout}与式（3.21）相同。工作在Q关断后再次进入Mode 2。

设Mode 1和Mode 3的占空比为d，将电压和时间的乘积为0代入式（3.21）和式（3.22）的L_{out}，可以算出半桥中间抽头变换器的输出输入电压比：

$$V_{\text{out}} = \frac{1}{2N}dV_{\text{in}} \tag{3.23}$$

分母中有2，表示半桥逆变器的分压电容器将输入电压一分为二。假设不使用半桥逆变器，而使用不分散输入电压的全桥逆变器，则分母中没有2，即

$$V_{\text{out}} = \frac{1}{N}dV_{\text{in}}$$

3.6 非对称半桥变换器

3.6.1 电路结构

非对称半桥变换器如图3.20所示。变压器一次侧电路为非对称半桥变换器，二次侧电路为全桥整流电路。假设连接一次绕组的C_{bk}是隔离电容器，静电容量极大，电压恒定，高边开关Q_{H}的占空比为d，节点a的平均电压为dV_{in}，稳态下含有漏感L_{kg}和励磁电感L_{mg}的变压器绕组的平均电压必为0，所以C_{bk}的电压V_{Cbk}计算如下：

$$V_{\text{Cbk}} = dV_{\text{in}} \tag{3.24}$$

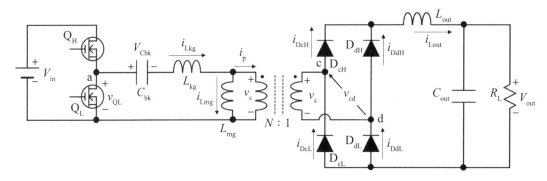

图3.20　非对称半桥变换器

图3.20中的二次侧电路的点c和点d为变压器连接整流电路的节点，c–d之间的电压v_{cd}相当于变压器二次绕组上产生的电压，它与一次绕组电压之间的关系为$v_p = N v_{cd}$。

非对称半桥变换器中L_{mg}的电流i_{Lmg}中会发生直流成分重叠的"直流偏磁"，我们将在3.6.3节详细讲解。

3.6.2　工作解析

半桥变换器的工作波形和工作模式分别如图3.21和图3.22所示。

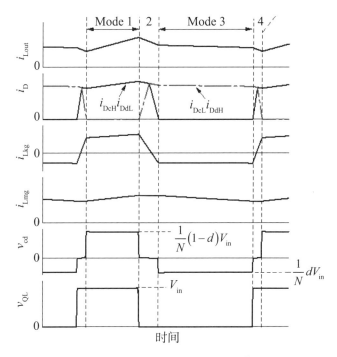

图3.21　非对称半桥变换器的工作波形

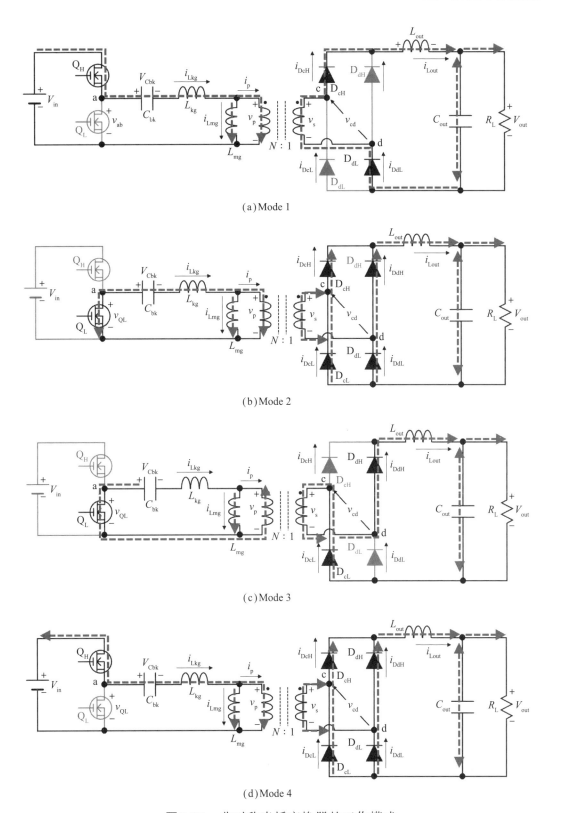

(a) Mode 1

(b) Mode 2

(c) Mode 3

(d) Mode 4

图3.22 非对称半桥变换器的工作模式

为便于理解，图中 Mode 2 和 Mode 4 的换流重叠时间较长，实际上它比 Mode 1 和 Mode 3 要短得多。

Mode 1：Q_H 处于通态，Q_L 的电压为 $v_{QL} = V_{in}$。C_{bk} 通过 i_{Lkg} 充电，此模式下 v_p 和 v_s 为

$$\begin{cases} v_p = V_{in} - V_{Cbk} = (1 - d)V_{in} \\ v_s = \dfrac{1}{N}(1 - d)V_{in} \end{cases} \tag{3.25}$$

变压器二次侧整流电路中 D_{cH} 和 D_{dL} 导通，L_{out} 上的电压 v_{Lout} 为

$$v_{Lout} = \frac{1}{N}(1 - d)V_{in} - V_{out} \tag{3.26}$$

Mode 1 中各部分电流的关系如下：

$$i_p = i_{Lkg} - i_{Lmg} = \frac{1}{N}i_{Lout} \tag{3.27}$$

其中，i_p 为变压器一次绕组的电流。

Mode 2：Q_H 关断，i_{Lkg} 开始减少。i_{Lkg} 的斜率取决于 L_{kg} 的电感值，所以只要 L_{kg} 的值足够小，此模式的长度就能够小到忽略不计。另一方面，变压器二次侧的 L_{out} 续流，式（3.27）不再成立，即

$$i_p = i_{Lkg} - i_{Lmg} \neq \frac{1}{N}i_{Lout} \tag{3.28}$$

由于 L_{out} 续流，所以二次侧整流电路中高边和低边二极管都为通态，会发生换流重叠，因此变压器绕组为短路状态，$v_p = v_s = 0$，所以 v_{Lout} 为

$$v_{Lout} = -V_{out} \tag{3.29}$$

Mode 3：D_{cH} 和 D_{dL} 的电流为 0，只有 D_{cL} 和 D_{dH} 导通，因此式（3.27）再次成立。C_{bk} 开始朝一次绕组放电，v_p 和 v_s 如下式所示：

$$\begin{cases} v_p = -V_{Cbk} = -dV_{in} \\ v_s = -\dfrac{1}{N}dV_{in} \end{cases} \tag{3.30}$$

所以 v_{Lout} 为

$$v_{\text{Lout}} = \frac{1}{N}dV_{\text{in}} - V_{\text{out}} \quad\quad (3.31)$$

Mode 4：Q_L关断，i_{Lkg}开始上升。式（3.27）再次不成立，二次侧整流电路中发生换流重叠，所以v_{Lout}的电压如式（3.29）所示。

Mode 2和Mode 4的长度比Mode 1和Mode 2短很多，可以忽略不计。对于L_{out}，利用电压时间积为0的关系，通过式（3.26）和式（3.31）可以计算出非对称半桥变换器的输出输入电压比：

$$V_{\text{out}} = \frac{2}{N}d(1-d)V_{\text{in}} \quad\quad (3.32)$$

$N = 1.0$时，$V_{\text{out}}/V_{\text{in}}$与$d$的关系如图3.23所示。$d = 0.5$时$V_{\text{out}}/V_{\text{in}}$为极大值0.5，因此应使变换器在$d \le 0.5$或$d \ge 0.5$的范围内工作。

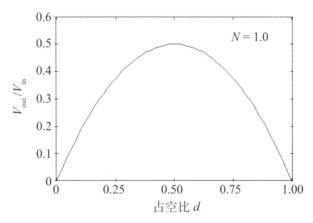

图3.23 非对称半桥变换器的输出输入电压比

3.6.3 变压器的直流偏磁

如前一节所述，L_{kg}的值越小，i_{Lkg}的斜率越大，Mode 2和Mode 4的换流重叠时间越短，甚至可以忽略不计。假设Mode 2和Mode 4短到可以忽略不计，Mode 1和Mode 3的i_{Lkg}值分别近似于I_A和$-I_B$，忽略i_{Lmg}和i_{Lout}的纹波成分，则它们的值分别近似于I_{Lmg}和I_{Lout}的直流值。I_{Lmg}相当于L_{mg}的直流成分。

根据图3.22，I_A和$-I_B$可以写作下式：

$$\begin{cases} I_A = I_{\text{Lmg}} + NI_{\text{Lout}} \\ -I_B = I_{\text{Lmg}} - NI_{\text{Lout}} \end{cases} \quad\quad (3.33)$$

C_{bk}在Mode 1中通过I_A充电，在Mode 4中通过I_B放电。稳态下电容器的充电电荷量和放电电荷量相平衡，即

$$dI_A - (1 - d)I_B = 0 \tag{3.34}$$

由式（3.33）和式（3.34）可以推导出下式：

$$I_{Lmg} = N(1 - 2d)I_{Lout} \tag{3.35}$$

由上式可知，d 越远离 0.5，I_{Lmg} 的绝对值越大，越容易产生直流偏磁。与其他隔离型变换器不同，非对称半桥变换器的磁芯容易因直流偏磁而达到饱和，所以在选择磁芯和设计变压器时需要多加注意。

3.7　DAB变换器

3.7.1　电路结构

此前我们提到过的隔离型变换器中，变压器二次侧电路由二极管整流器构成，功率传输方向是单一的。如 2.1.5 节中所述，将单向非隔离型变换器（斩波电路）的二极管替换为开关可以实现功率的双向化。隔离型变换器也同样可以将二极管整流器的二极管替换为开关，从而实现功率的双向化。

将前面章节的隔离型变换器中的二极管替换为开关，在变压器一次侧和二次侧中设置桥式电路，就得到了 DAB（dual active bridge）变换器。图 3.24 是使用全桥电路的 DAB 变换器。电路中的电感 L 是变压器的漏感或外置电感。一次侧和二次侧的桥式电路中分别产生矩形波电压 v_{ab} 和 v_{cd}，通过控制这两个矩形波电压的相位差 ϕ，就可以调节功率传输量和传输方向。例如，将 v_{ab} 作为超前相位，v_{cd} 作为滞后相位，则功率由 V_{in} 传输到 V_{out}。

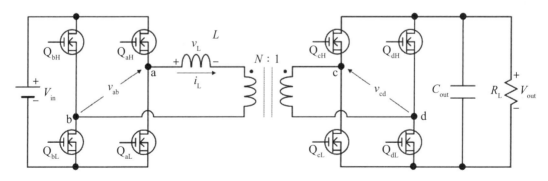

图3.24　DAB变换器

DAB 变换器的等效电路如图 3.25 所示。电感 L 夹在两个矩形波电压 v_{ab} 和 Nv_{cd} 之间。功率传输的方向取决于 ϕ 的极性，功率传输量取决于 v_{ab} 和 v_{cd} 的振幅与 ϕ。

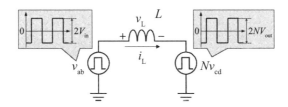

图3.25　DAB变换器的等效电路

3.7.2　工作解析

DAB变换器通常利用开关的输出电容C_{oss}（或与开关并联的缓冲电容器）和体二极管，通过零电压切换（zero voltage switching，ZVS）进行软开关工作。本节出于简单解析，不分析与开关等效并联的C_{oss}和体二极管的工作，仅关注电流变化和功率传输量。我们将在4.2.4节讲解ZVS的满足条件。

v_{ab}相位超前，V_{in}向V_{out}传输功率时DAB变换器的工作波形和工作模式分别如图3.26和图3.27所示。

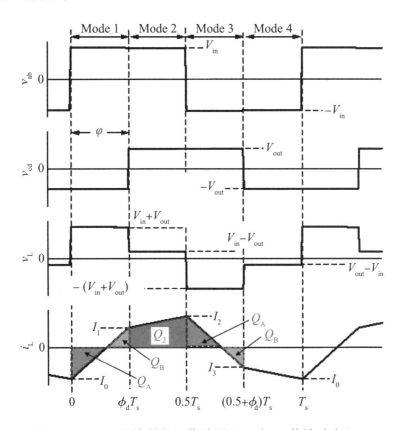

图3.26　DAB变换器的工作波形（V_{in}向V_{out}传输功率）

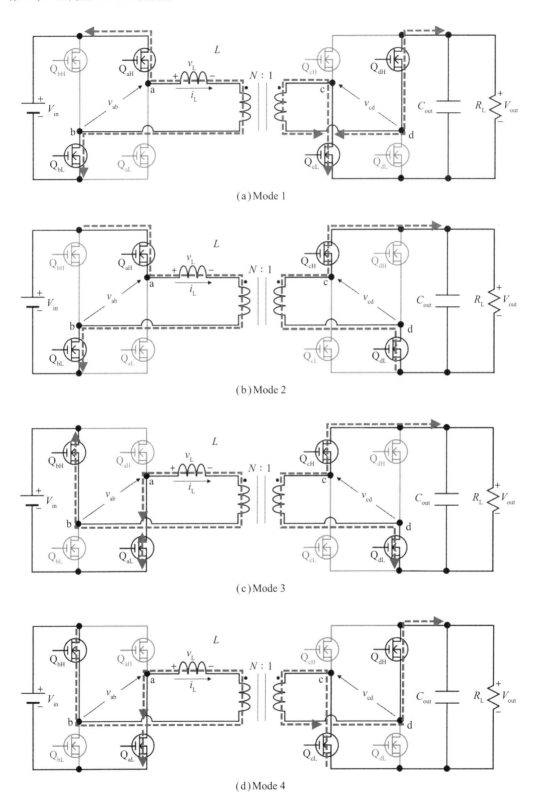

（a）Mode 1

（b）Mode 2

（c）Mode 3

（d）Mode 4

图3.27　DAB变换器的工作模式

所有开关的占空比为0.5，高边和低边开关驱动互补。电感L的电压为$v_L = v_{ab} - Nv_{dc}$，v_L的值决定了电路中的电流变化率。其中360° 标准的相位差ϕ（° ）被称为移相占空比ϕ_d：

$$\varphi_d = \frac{\phi}{360} \tag{3.36}$$

Mode 1 （ $0 \leqslant t < \varphi_d T_s$ ）：一次侧电路中Q_{aH}和Q_{bL}处于通态，$v_{ab} = V_{in}$。而二次侧中Q_{cL}和Q_{dH}处于通态，$v_{cd} = -V_{out}$。设Mode 1中i_L的初始值为I_0，则

$$i_L = \frac{V_{in} + NV_{out}}{L}t + I_0 \tag{3.37}$$

Mode 1末期（ $t = \phi_d T_s$ ）i_L的值I_1如下式所示：

$$I_1 = \frac{V_{in} + NV_{out}}{L}\phi_d T_s + I_0 \tag{3.38}$$

Mode 2 （ $\varphi_d T_s \leqslant t < 0.5 T_s$ ）：一次侧电路的开关状态与Mode 1相同。二次侧电路中Q_{cH}和Q_{dL}为通态，$v_{cd} = V_{out}$，所以

$$i_L = \frac{V_{in} - NV_{out}}{L}(t - \phi_d T_s) + I_1 \tag{3.39}$$

从上式可以看出，$V_{in} > NV_{out}$时，i_L的斜率为正值；$V_{in} < NV_{out}$时，i_L的斜率为负值。Mode 2末期（ $t = 0.5 T_s$ ）i_L的值I_2如下式所示：

$$I_2 = \frac{V_{in} - NV_{out}}{L}(0.5 - \phi_d)T_s + I_1 \tag{3.40}$$

Mode 3[$0.5 T_s \leqslant t < (0.5 + \varphi_d)T_s$]：一次侧电路中$Q_{aL}$和$Q_{bH}$处于通态，$v_{ab} = -V_{in}$。而二次侧电路的状态与Mode 2相同，所以

$$i_L = \frac{-V_{in} - NV_{out}}{L}(t - 0.5 T_s) + I_2 \tag{3.41}$$

Mode 3末期[$t = (0.5 + \phi_d)T_s$]i_L的值I_3如下式所示：

$$I_3 = \frac{-V_{in} - NV_{out}}{L}\phi_d T_s + I_2 \tag{3.42}$$

Mode 4[$(0.5 + \varphi_d)T_s \leqslant t < T_s$]：一次侧电路的开关状态与Mode 3相同。二次侧电路中Q_{cL}和Q_{dH}为通态，$v_{cd} = -V_{out}$，所以

$$i_L = \frac{-V_{in} + NV_{out}}{L}[t - (0.5 + \phi_d)T_s] + I_3 \tag{3.43}$$

由上式可知，$V_{in} > NV_{out}$ 时，i_L 的斜率为负值；$V_{in} < NV_{out}$ 时，i_L 的斜率为正值。Mode 4 末期（$t = T_s$）i_L 再次变为 I_0，其值如下式所示：

$$I_0 = \frac{-V_{in} + NV_{out}}{L}(0.5 - \phi_d)T_s + I_3 \tag{3.44}$$

由图 3.27 可知，Mode 1 ~ Mode 2 和 Mode 3 ~ Mode 4 对称，所以各个模式的初始值有下列关系：

$$I_1 = -I_3 \quad I_2 = -I_0 \tag{3.45}$$

根据式（3.38）、式（3.40）和式（3.45）可得

$$I_1 = \frac{V_{in}(4\phi_d - 1) + NV_{out}}{4L}T_s \tag{3.46}$$

$$I_2 = \frac{V_{in} + NV_{out}(4\phi_d - 1)}{4L}T_s \tag{3.47}$$

DAB 变换器的工作有对称性，为避免繁琐，下面我们仅分析半个周期的工作状态。Mode 2 和 Mode 3 的半个周期之中，通过 DAB 变换器传输到负载 V_{out} 的电荷量如图 3.26 所示，相当于 $Q_2 + Q_A - Q_B$。通过式（3.46）式（3.47）中的 I_1 和 I_2 可以计算出 Q_2、Q_A 和 Q_B：

$$Q_2 = \frac{(I_1 + I_2)(0.5 - \phi_d)}{2}T_s \tag{3.48}$$

$$Q_A = \frac{I_2^2}{2(I_1 + I_2)}\phi_d T_s \tag{3.49}$$

$$Q_B = \frac{I_1^2}{2(I_1 + I_2)}\phi_d T_s \tag{3.50}$$

通过这些电荷量可求出输出电流 I_{out} 的值：

$$I_{out} = \frac{Q_2 + Q_B - Q_A}{0.5T_s} = \frac{I_1 + I_2}{2} - 2I_1\phi_d \tag{3.51}$$

将式（3.46）和式（3.47）代入式（3.51）可得

$$I_{out} = \frac{V_{in} T_s \phi_d (1 - 2\phi_d)}{L} \qquad (3.52)$$

同样，Mode 1和Mode 2的半个周期中输出电源V_{in}供给DAB变换器的电荷量相当于$Q_2+Q_B-Q_A$，所以输入电流I_{in}为：

$$I_{in} = \frac{Q_2 + Q_A - Q_B}{0.5 T_s} = \frac{I_1 + I_2}{2} - 2I_2\phi_d \qquad (3.53)$$

将式（3.46）和式（3.47）代入上式，则

$$I_{in} = \frac{NV_{out} T_s \phi_d (1 - 2\phi_d)}{L} \qquad (3.54)$$

与图3.26的功率传输方向相反，V_{out}向V_{in}传输功率时工作波形如图3.28所示，此时v_{ab}相对于v_{cd}相位滞后。

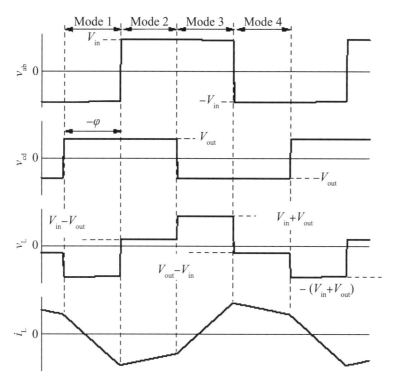

图3.28 DAB变换器的工作波形（V_{out}向V_{in}传输功率时）

虽然v_{ab}和v_{cd}的相位关系不同，但是我们可以用图3.26中同样的方法进行解析。图3.28中导出的I_{out}和式（3.52）可以总结如下：

$$I_{\text{out}} = \frac{V_{\text{in}}T_s\phi_d|1-2\phi_d|}{L} \tag{3.55}$$

式（3.55）中的 I_{out} 和 ϕ_d 的关系如图 3.29 所示。其中 I_{out} 除以 $V_{\text{in}}T_s/L$ 进行归一化。ϕ_d 在正区域时 I_{out} 为正值，即 V_{in} 向 V_{out} 传输功率；ϕ_d 在负区域时 I_{out} 的极性反转，功率传输方向变为 V_{out} 到 V_{in}。$\phi_d = \pm 0.25$，即相位差为 $\pm 90°$ 时，I_{out} 达到峰值，继续增大相位差，传输功率也不会增加。一般情况下变换器在 $-0.25 \leqslant \phi_d \leqslant 0.25$ 的范围内工作。

$-0.25 \leqslant \phi_d \leqslant 0.25$ 范围内，ϕ_d 的绝对值（$|\phi_d|$）越大，传输功率越大。但随着 $|\phi_d|$ 的增加，循环电流造成的无功功率也会增加，导致电路损耗增加。具体来说，图 3.26 的 Mode 1 中 i_L 在负值期间从 DAB 变换器回到电源（循环电流），这就是产生无功功率损耗的主要原因。Mode 3 中 i_L 在正值期间也完全相同。在此期间，电荷量 Q_A 会回到电源端。为了降低电荷量，需要在延长 Mode 2 的同时缩短 Mode 1，因此需要降低 $|\phi_d|$ 值。根据式（3.55），可以选择较小的 L 值，在低 $|\phi_d|$ 条件下传输较大的功率。但是这时如图 3.29 所示，需要在低 ϕ_d 范围内满足轻负荷到重负荷的要求，也就容易导致控制性的恶化。

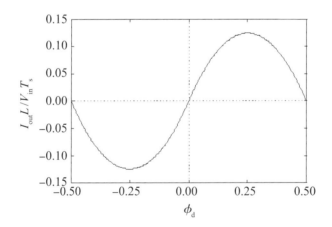

图 3.29 DAB 变换器中 I_{out} 和 ϕ_d 的关系

3.7.3 ZVS 区域

在 DAB 变换器中，在每个开关的死区时间，通过 i_L 对各个开关的输出电容 C_{oss} 充放电，能够实现基于 ZVS 的软开关。为了实现 ZVS，电流必须在各个开关导通之前从栅极流向源极（ZVS 的具体讲解请参考 4.2.4 节）。

3.7.2. 节计算了 Mode 1 ~ Mode 4 末期的 i_L 电流值 I_0 ~ I_3。Mode 1 ~ Mode 2 和

Mode 3 ~ Mode 4对称，想要使式（3.45）中的关系成立并实现ZVS，需要满足下式：

$$\begin{cases} I_1 > 0 \\ I_2 > 0 \end{cases} \tag{3.56}$$

将式（3.38）和式（3.40）代入式（3.56），可以在下式中导出ZVS区域：

$$M = \frac{NV_{\text{out}}}{V_{\text{in}}} = \begin{cases} 1 - 4\phi_{\text{d}} \\ \dfrac{1}{1 - 4\phi_{\text{d}}} \end{cases} \tag{3.57}$$

其中，M表示用变压器匝数比N归一化的输出输入电压比。

式（3.57）的ZVS区域如图3.30所示。ϕ_{d}越大，ZVS区域越大。M越远离1.0，越要增大ϕ_{d}以实现ZVS。但是如上文所述，ϕ_{d}增大，损耗也会随着无功功率增大。所以为了使DAB变换器在高效且大范围内实现ZVS，确定变压器匝数比N时要尽可能使$M = 1.0$。

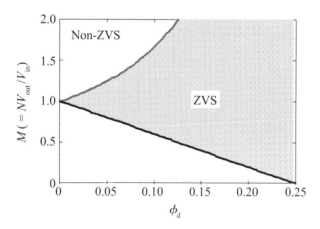

图3.30 DAB变换器的ZVS区域

第4章
变换器的各种损耗

提升功率变换电路的效率是电力电子领域永恒的课题。本章将功率变换电路的损耗大致分为三类：与电流的平方成正比的损耗、与电流成正比的损耗、与电流无关的损耗，并对其详细讲解。

4.1 与电流的平方成正比的损耗（热损耗）

与电流的平方成正比的损耗，也就是 I^2R，是我们通常所说的热损耗，它是大电流重负载领域中最重要的损耗因素。任何元件都有电阻，因此所有元件都会产生热损耗。

4.1.1 MOSFET的导通电阻

MOSFET是在导通时表现出电阻性的半导体开关。导通电阻 R_{on} 一般与耐压的 $2.4 \sim 2.6$ 次方成正比，因此想要降低热损耗就要尽可能使用低耐压元件。但是斩波电路等的开关过程中，开关和二极管上的电流剧烈变化，电路中的寄生电感会导致关断时漏极和源极间产生尖峰电压。一般情况下必须选择耐压值为理论电压应力的三倍左右的元件。第6章我们会讲到软开关工作的谐振变换器等可以在开关时抑制电流变化率，从而大幅度抑制或消除尖峰电压。由此，能够控制元件的耐压余量，也就可以使用导通电阻低的元件。

MOSFET提高耐压后导通电阻增大，损耗也增大，所以常见的Si-MOSFET以300V以下的设备为主流。更高电压领域则应采用下文所述的IGBT，更有利于降低损耗。

4.1.2 电容器的等效串联电阻

电容器的电阻成分被称为等效串联电阻（equivalent series resistance，ESR），ESR上的热损耗是功率变换电路中不容忽视的关键因素。许多功率变换电路采用了输入滤波电容器和输出滤波电容器。这些滤波电容器被用于吸收输入输出端子的电流纹波，使输入输出电压平滑，但电路纹波大小不同，ESR上产生的热损耗也大不相同。比如图2.7中的降压斩波，输出滤波电容器 C_{out} 只能吸收电感 L 的电流纹波成分，通过的电流较小，ESR上的热损耗也很小。但是输入滤波电容器 C_{in} 需要吸收随开关以脉冲状变化的电流，大纹波电流带来的热损耗也会变大。

除输入输出滤波电容器以外，功率变换电路中还会用到SEPIC等中用于直流绝缘输入输出的电容器，以及隔离型变换器的隔离电容器等。与吸收纹波电流的输入输出滤波电容器不同，它们中的电流大于或等于电感和开关中的大电流，需要使用低ESR元件（积层陶瓷电容器或薄膜电容器等）。

在电容器充放电过程中，使用电压源或电流源会大大左右电容器产生的损耗。举个例子，当使用电压源V_a和电流源I_a为电容器C充电到电压V_a时[图4.1(a)和(b)]，电压v_c和电流i_c分别如图4.1(c)和(d)所示。电压源V_a连接C时，i_c变为浪涌电流，以指数函数形式衰减。此时衰减速度取决于C的静电容量和ESR的乘积所代表的时间常数τ（$= C \times \text{ESR}$）。为了使C从0充电到电压V_a，稳定电压源供给电量E_{CV}如下式所示：

$$E_{CV} = V_a \int_0^T i_c \mathrm{d}t = V_a Q = CV_a^2 \tag{4.1}$$

其中，Q表示C充电至电压V_a的充电电荷量。充电至电压V_a时C的电能为$CV_a^2/2$，所以充电所需的电能E_{CV}的一半会消耗在ESR上。式（4.1）中不含ESR，这意味着充电时产生的损耗与ESR值无关，只取决于静电容量C和充电电压V_a（ESR影响τ值，所以ESR越低，C充电越快）。

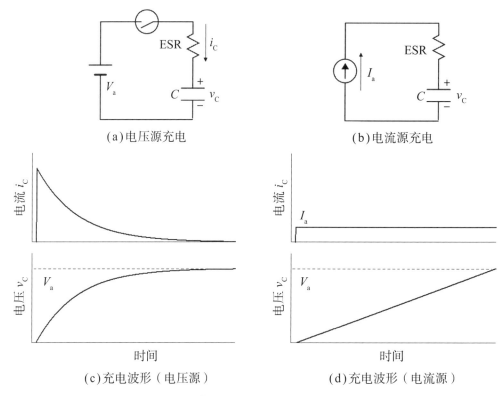

　(a)电压源充电　　　　　　　　　　　(b)电流源充电

　(c)充电波形（电压源）　　　　　　　(d)充电波形（电流源）

图4.1　电容器充电方式和充电时的波形

而电流源I_a连接C时，v_c线性增加。为了使C从0充电到电压V_a，稳定电压源供给电能E_{CC}如下式所示：

$$E_{CC} = I_a \int_0^T v_c \mathrm{d}t = I_a \int_0^T \frac{I_a t}{C} \mathrm{d}t = \frac{Q^2}{2C} = \frac{1}{2}CV_a^2 \tag{4.2}$$

与用式（4.1）的电压源V_a充电（E_{CV}）相比，充电所需的电能E_{CC}减半，理想状态下能够无损耗地为C充电。实际上虽然ESR会产生热损耗，但是与电压源充电相比，损耗大幅度降低。

斩波电路、隔离型变换器和谐振变换器等的电容器一般通过电感中的电流充放电。将电感视作电流源，也就相当于这些电容器通过电流源充放电。所以稳态下电容器中没有浪涌电流，可以降低损耗。而第7章中提到的开关电容变换器中，多个电容器通过开关并联，通过对彼此充放电来进行功率变换。将变换器视作电流源，所以与式（4.1）相同，产生的损耗与电容器初期电压差ΔV的平方成正比。

所以抑制并联电容器之间的ΔV的工作条件和静电容量有望降低损耗。

4.1.3　变压器和电感的铜损

电感和变压器会产生热损耗（铜损）。谐振变换器的谐振电感和变压器绕组中有开关带来的高频交流电流，趋肤效应会导致绕组电阻值增大。为了抑制趋肤效应，可以使用若干根细线缠成的绞线。但是高频下邻近效应也会导致电阻值增大，在设计高频变压器和谐振电容器时需要考虑到上述因素。相对的，斩波电路的电感中主要是直流电流。开关时交流成分（纹波电流）会重叠，但是小于直流成分，趋肤效应和邻近效应的影响很小。因此为了降低绕组电阻要使用槽满率较高的扁铜线。

例如，电感为1.2μH的元件（SRP7050TA-IR2M）的阻抗Z和电阻成分R的频率特性如图4.2所示。数据表中直流时R为6.7mΩ，100kHz时约为20mΩ，1MHz时增大至118mΩ。

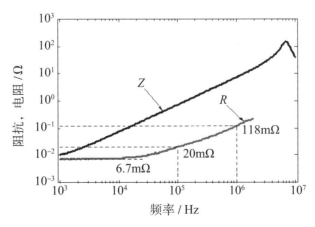

图4.2　电感（SRP7050TA-IR2M）的阻抗和电阻成分的频率特性

再举一个例子，变压器绕组电阻的频率特性如图4.3所示。绞线本身不会产生邻近效应，高频下电阻值也很低。将绞线缠绕在线轴上，相邻的线之间产生邻近效应，电阻值上升。如果使用磁芯，磁芯内的漏磁通会加强邻近效应，电阻值更高[1]。

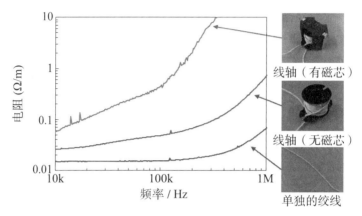

图4.3 变压器绕组电阻的频率特性

4.2 与电流成正比的损耗

与电流成正比的损耗源自半导体开关的导通，IGBT和二极管的导通损耗都属于这种损耗。此外，含MOSFET的半导体开关的开关损耗也属于与电流成正比的损耗。

4.2.1 IGBT的导通损耗

不同于具有电阻特性的MOSFET，IGBT在导通时产生的损耗相当于集电极-发射极之间的固定饱和电压V_{CE}的损耗，所以导通损耗取决于$I \times V_{CE}$。

4.2.2 二极管的正向压降带来的导通损耗

二极管导通时会产生正向压降V_f，产生$I \times V_f$的导通损耗。设备种类不同、耐压不同、电流额定值不同时，V_f值也各不相同，其范围约为0.3～2.0V。肖基特二极管的V_f值较低，约为0.3～0.5V，虽然可以降低导通损耗，但耐压低至200V以下。相反，高耐压二极管的V_f也较高，电流相同的情况下导通损耗较大。

二极管的导通损耗在功率变换电路的总损耗中所占比重较大。尤其是低电压用途的变换器，低输入输出电压时V_f所占比例大，二极管的导通损耗也是最主要的损耗因素。为了降低二极管的导通损耗，可以采用将二极管替换为开关的同步整流方式。

4.2.3 开关损耗

理想型开关中，导通和关断时电流和电压的变化在瞬间完成，不会发生损耗。而实际上开关的电流和电压的变化需要一个过程，在瞬态响应时会产生开关损耗。

图4.4展示了导通和关断时电压和电流的波形，以及开关的消耗功率。其中假设电压v_Q和电流i_Q线性变化，并且二者所需的瞬态变化时间（导通时间ΔT_{on}，关断时间ΔT_{off}）相同。为了便于理解，同时假设导通时v_Q为0，关断时i_Q为0。导通的转换时间内v_Q和i_Q计算如下：

$$\begin{cases} v_Q = V_{off} - \dfrac{V_{off}}{\Delta T_{on}} t \\ i_Q = \dfrac{I_{on}}{\Delta T_{on}} t \end{cases} \tag{4.3}$$

其中，V_{off}为开关完全关断时的电压，I_{on}为开关完全导通时的电流。导通损耗$P_{turn.on}$如下式所示：

$$P_{turn.on} = \frac{1}{T_s} \int_0^{\Delta T_{on}} v_Q i_Q \mathrm{d}t = \frac{V_{off} I_{on} \Delta T_{on}}{6} f_s \tag{4.4}$$

其中，T_s为开关周期。

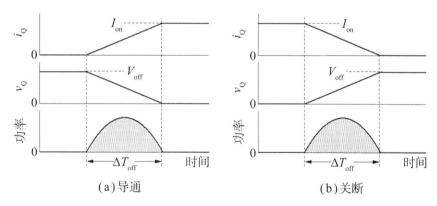

(a) 导通 (b) 关断

图4.4 开关时电压和电流波形及开关损耗

同样，关断时v_Q和i_Q为

$$\begin{cases} v_Q = \dfrac{V_{off}}{\Delta T_{off}} t \\ i_Q = I_{on} - \dfrac{I_{on}}{\Delta T_{off}} t \end{cases} \tag{4.5}$$

关断损耗$P_{turn.off}$为

$$P_{\text{turn.off}} = \frac{1}{T_s} \int_0^{T_{\text{off}}} v_Q i_Q \mathrm{d}t = \frac{V_{\text{off}}\ I_{\text{on}} \Delta T_{\text{off}}}{6} f_s \qquad (4.6)$$

由式（4.2）和式（4.4）可知，开关损耗 $P_{\text{turn.on}}$ 和 $P_{\text{turn.off}}$ 与电流 I_{on} 成正比。而且开关损耗与 f_s 成正比，随变换器的高频化而增加。所以如果想通过高频化实现电路小型化，就无法忽视降低开关损耗这一问题。为了降低开关损耗，需要缩短 ΔT_{on} 和 ΔT_{off}，也就是说，高速导通和关断十分有效。当然，使用软开关也可以降低开关损耗。

4.2.4　ZVS降低开关损耗

软开关对于降低开关损耗十分有效。软开关分为零电流开关（zero current switching，ZCS）和零电压开关（zero voltage switching，ZVS），尤其是ZVS能够抑制开关的输出电容 C_{oss} 的充放电造成的损耗。下面我们就MOSFET开关进行讲解。

为了实现ZVS，关断前电流需要从漏极流向源极，或在导通前导通体二极管。

ZVS的工作波形和工作模式分别如图4.5和图4.6所示。

Mode 1中电感电流 i_L 通过高边开关 Q_H 流通，Q_H 的电流 i_{QH} 为正值，即电流由漏极向源极流过。Q_H 的栅极电压 $v_{gs.H}$ 下降后，Q_H 被关断，工作状态进入Mode 2。

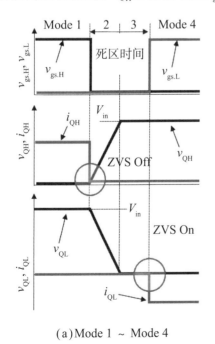

（a）Mode 1 ~ Mode 4

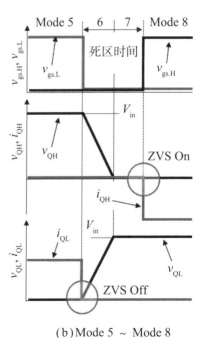

（b）Mode 5 ~ Mode 8

图4.5　ZVS工作波形

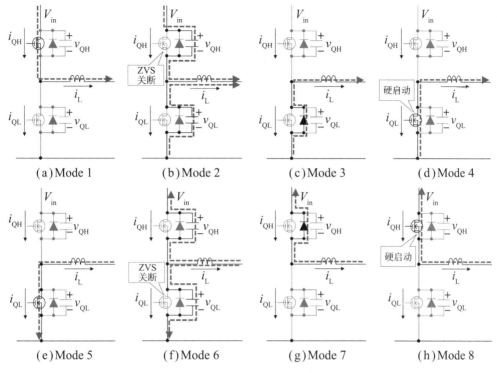

图4.6　ZVS工作模式

Mode 2为Q_H和Q_L都关断的死区时间。这时Q_H的输出电容经i_L充电，Q_H的电压v_{QH}以某个斜率上升，关断时i_{QH}和v_{QH}不重叠，不会产生关断损耗。这时Q_H被ZVS关断。另一方面，Q_H和Q_L的开关腿整体电压为V_{in}，所以v_{QH}上升时Q_L的电压v_{QL}下降。这说明Q_L的输出电容通过i_L放电，等效于Q_H和Q_L两个开关的输出合成电容通过L充放电。

v_{QL}低至0时Q_L的体二极管导通，工作进入Mode 3。两个开关上都没有栅极电压，仍然有死区时间。

v_{QL}为0时施加栅极电压$v_{gs.L}$，Q_L经ZVS导通，工作进入Mode 4。关断后Q_L的电流i_{QL}为负值，即电流从源极流向漏极。

经过上述Mode 1～Mode4一系列的转换，i_L从Q_H换流到Q_L，其间开关的导通和关断都为ZVS。Mode 5～Mode 8相当于i_L从Q_L换流到Q_H，但是导通和关断都与Mode 1～Mode 4相同，为ZVS。

为了方便比较，图4.7和图4.8分别展示了关断前漏极到源极无电流、ZVS工作失败时的工作波形示例和工作模式。与图4.5大相径庭的是，Q_H关断的一瞬间，i_L的极性不同。Q_H为通态的Mode A中，i_L从漏极流向源极，即i_{QH}为负值。

降低$v_{gs.H}$，关断Q_H时，i_L换流至Q_H的体二极管（Mode B）。体二极管导通后v_{QH}仍为0，所以Q_H经ZVS关断。这时Q_H的输出电容的电压为0。又因v_{QL}含V_{in}，所以Q_L的输出电容通过V_{in}的电压进行充电。

施加$v_{gs.H}$，导通Q_L后，工作状态进入Mode C。Mode B下$v_{QL} = V_{in}$，但Q_L导通的瞬间$v_{QL} = 0$。所以开关腿经过Q_H的输出电容的瞬间出现较大的短路电流。而且Q_L的输出电容也经Q_L通道短路。因此Q_L在导通的一瞬间出现大电流i_{QL}。导通瞬间v_{QL}和i_{QL}都剧烈变化，波形重合，产生巨大的开关损耗。

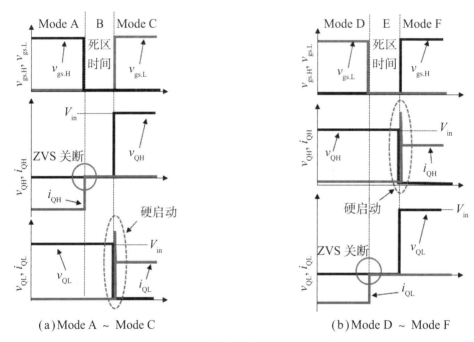

（a）Mode A ～ Mode C　　　　　（b）Mode D ～ Mode F

图4.7　ZVS失败时的工作波形示例

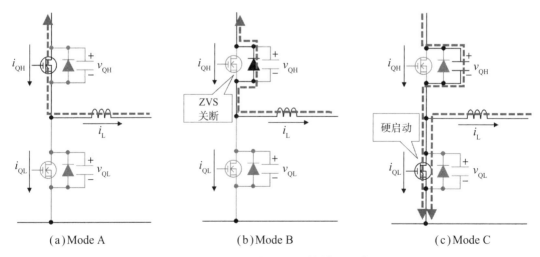

（a）Mode A　　　　　（b）Mode B　　　　　（c）Mode C

图4.8　ZVS失败时的工作模式示例

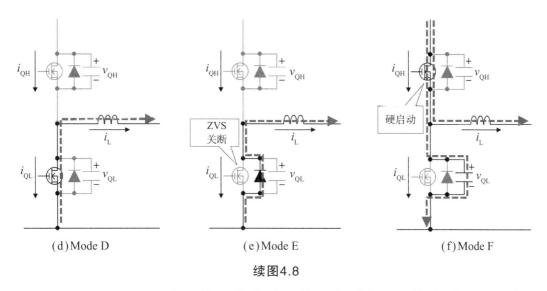

(d) Mode D　　　　　　(e) Mode E　　　　　　(f) Mode F

续图4.8

Mode A ~ Mode C是i_L从Q_H换流到Q_L的工作顺序。Q_L换流到Q_H的顺序为Mode D ~ Mode F，原理相同，ZVS失败。

4.3　与电流无关的损耗（固定损耗）

这种损耗与电流无关，在负载电流较小的轻负载领域占主导地位，它包括主电路元件及其他控制电路和测量电路等中繁杂的损耗。下面我们主要讲解主电路元件的MOSFET和磁性元件的固定损耗。

4.3.1　MOSFET的输入电容和输出电容

驱动MOSFET时，栅极和漏极会产生矩形波电压。一般情况下，MOSFET的各个端子之间存在寄生电容，如图4.9所示，驱动MOSFET时的矩形波电压使寄生电容进行充放电，产生损耗。输入电容C_{iss}和输出电容C_{oss}定义如下：

$$\begin{cases} C_{iss} = C_{gs} + C_{gd} \\ C_{oss} = C_{ds} + C_{gd} \end{cases} \tag{4.7}$$

栅极驱动器的矩形波电压使得MOSFET的C_{iss}充电并导通，充电带来的损耗如下式所示：

$$P_{drive} = C_{iss} V_{DD}^2 f_s \tag{4.8}$$

其中，V_{DD}为栅极驱动器的输出电压。MOSFET关断时漏极电压上升至V_{off}，C_{oss}得以充电，产生的损耗如下式所示：

$$P_{coss} = C_{oss} V_{off}^2 f_s \tag{4.9}$$

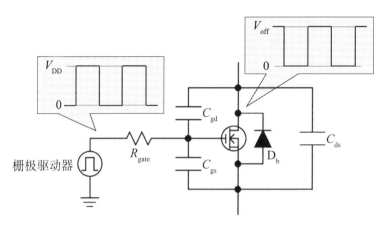

图4.9　MOSFET的寄生电容和各部分的波形

上述损耗与变换器的输出电流无关，是轻负载时的主要损耗。这些损耗与f_s成正比，所以会随着变换器的高频化增加。但是如4.2.4节所述，ZVS工作时i_L使得C_{oss}充放电，所以不会产生P_{Coss}。

4.3.2　二极管的反向恢复损耗

PN结二极管从导通状态突然关断，进入反偏置状态的过程中，少数载流子的积累导致电流反向通过。电流反向流过的时间被称为反向恢复时间t_{RR}。如图4.10所示，反向恢复时二极管中同时产生电流和电压，因此会产生反向恢复损耗，如下式所示：

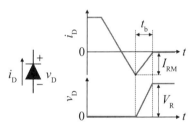

$$P_{RR} = \frac{V_R I_{RM} t_b}{6} f_s \tag{4.10}$$

图4.10　二极管的反向恢复特性

其中，V_R为反向偏置时二极管上的电压，I_{RM}为反向恢复时的电流峰值。为了降低反向恢复损耗，可以采用t_{RR}较小的设备——快恢复二极管（fast recovery diode，FRD）或没有PN结的肖特基二极管。

4.3.3　变压器的铁损

变压器和电感中有交流电流时，磁芯中会产生交流磁场，磁芯的磁通密度B形成磁滞曲线。磁芯的铁损P_{iron}为磁滞曲线包围的面积，可以用下列的Steinmetz公式[2]表示：

$$P_{iron} = K_h f_s B_m^{1.6} \tag{4.11}$$

其中，K_h是由磁芯材质和形状决定的比例常数，B_m是下式中得出的最大磁通密度：

$$B_m = \frac{V}{f_s NA} \qquad (4.12)$$

其中，N是匝数，A是磁芯的实效横截面积，V是绕组上的附加电压。

4.4　功率变换电路的最高效率点

通常功率变换电路的总损耗P_{loss}是与电流的平方成正比的损耗（热损耗）、与电流成正比的损耗、与电流无关的损耗三要素之和，即

$$P_{loss} = \alpha I^2 + \beta I + \gamma \qquad (4.13)$$

其中，α、β、γ是各个要素的系数。功率变换电路的效率η用输出功率P_{out}和P_{loss}表示如下：

$$\eta = \frac{P_{out}}{P_{out} + P_{loss}} = \frac{V_{out} I}{\alpha I^2 + (V_{out} + \beta)I + \gamma} \qquad (4.14)$$

η的最高点处$\theta_\eta / \theta_I = 0$。将此关系代入式（4.14）可以推出

$$\frac{\partial \eta}{\partial I} = 0 \;\rightarrow\; \alpha I^2 = \gamma \qquad (4.15)$$

上式表示热损耗等于固定损耗时，功率变换电路的效率达到最高点。

图4.11展示了功率变换电路中损耗、效率与输出功率（输出电流）的关系。轻负载领域和重负载领域中固定损耗γ和热损耗αI^2分别占主要地位。$\gamma = \alpha I^2$的点就是最高效率点。

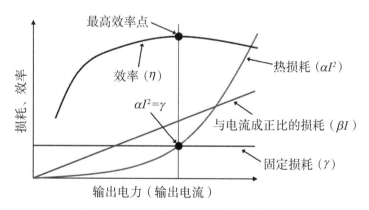

图4.11　功率变换电路的最高效率点

参考文献

［1］茶位祐樹, 山本達也, 金野泰之, 川原翔太, 卜穎剛, 水野勉, 山口豊, 狩野知義. LLC共振形コンバータ用トランスに使用するリッツ線の素線数の検討. 日本AEM学会誌, 2018, 26(2): 332-337.

［2］A.V.D.Bossche, V.C.Valchev. Inductors and transformers for power Electronics. New Mexico: CRC Press, 2005.

第5章
变换器的小型化研究及其课题

变换器的小型化与功率转换效率的提升一样，是电力电子领域的共同课题。本章致力于讲解高频化和高能量密度的无源元件对变换器小型化的影响。

5.1 小型化研究

图5.1给出了用于电动汽车的电力电子装置的体积比重的示例[1]。除空隙以外，无源元件和冷却类占据了大部分体积，MOSFET、IGBT和二极管等半导体设备所占比重则较小。中高功率设备必须用风扇强制空冷或水冷，因此冷却类元件所占体积的比重必然较大。低功率设备可以仅用简化的散热器或电路板进行空冷，因此冷却类的比重较低。由这种倾向可知，对变换器的小型化来说，无源元件和冷却设备的小型化至关重要。冷却设备的尺寸取决于电路损耗和系统的热设计，所以冷却设备的小型化最终归结于降低电路损耗这一电力电子领域最普遍的课题。热设计超出本书的范畴，在此不多做说明。

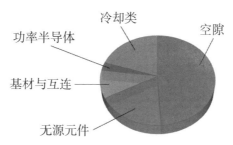

图5.1 用于电动汽车的电力电子装置的体积比重的示例[1]

5.2 高频化助力无源元件小型化及其课题

5.2.1 无源元件的充放电电能

变换器的主电路由MOSFET、IGBT、二极管等有源元件和电感、变压器、电容器等无源元件构成。有源元件负责电路的开合，而无源元件需要根据瞬时电流和电压储存电能，体积要大于有源元件，在变换器中占据大部分体积。所以变换器小型化的关键在于无源元件的小型化。

举个例子，SEPIC工作时，无源元件在每个周期内充放电能如图5.2所示。各个无源元件的充放电电能用电压×电流×时间表示。开关接通时电感L_1和L_2被充电，电容器C对L_2放电。开关断开时则相反，L_1和L_2放电，C被充电。稳态下充电电能和放电电能持平，因此可以从各个元件的能量守恒定律公式推导出输出输入电压比V_{out}/V_{in}的关系。

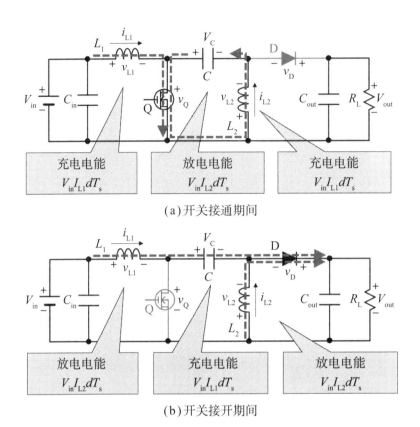

(a) 开关接通期间

(b) 开关接开期间

图5.2 SEPIC工作时一个周期内无源元件的充放电电能

这些无源元件的充放电电能均与开关周期T_s成正比。开关频率f_s是T_s的倒数，因此可以通过提高f_s来降低充放电电能，实现无源元件的小型化。

5.2.2 高频化导致损耗增加

如第4章所述，开关损耗与f_s成正比，因此毫无章法地提高频率只能导致变换器的效率恶化。因此若要通过高频化实现变换器的小型化（无源元件的小型化），必须降低开关损耗。除开关损耗之外，式（4.8）的栅极驱动损耗和式（4.9）的C_{oss}损耗等也与f_s成正比。而且如图4.2和图4.3所示，趋肤效应和邻近效应也会使电感和变压器绕组电阻随着频率的增加而增加。也就是说，想要实现交流电流成分较大的隔离型变换器和谐振变换器的高效化，磁性元件的设计和选择也是非常重要的课题。

5.2.3 软开关降低开关损耗

如前面所述，降低开关损耗对于高频化实现无源元件小型化至关重要。图4.4中我们说过，开关损耗发生在开关转换时间（ΔT_{on}和ΔT_{off}）内开关电压v_Q

和i_Q不同时为0的时候。反过来想，v_Q和i_Q中某一项为0时进行开关就可以降低开关损耗。

　　软开关是一种十分常见的降低开关损耗的方法。软开关主要分为零电流开关（ZCS）和零电压开关（ZVS）。举个例子，图5.3展示了ZCS导通和ZVS关断。这种开关方式根据周边电路的工作调整开关时机，以便ZCS在开关时电流i_Q为0，ZVS在开关时电压v_Q为0。

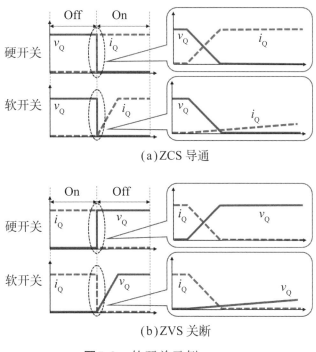

(a)ZCS 导通

(b)ZVS 关断

图5.3　软开关示例

　　软开关能够急剧降低开关损耗，但也常常需要追加辅助电路，限制工作范围，这会引发电压或电流有效值的升高，以及电路元件的电压或电流应力增加等问题。在下面的例子中，加入软开关反而增加了电路整体的损耗，本末倒置，这种情况就不应该加入软开关：

　　（1）辅助电路中产生的损耗等于甚至高于软开关降低的损耗。

　　（2）产生动作限制，反而无法满足要求。

　　（3）电压和电流有效值增加，增加了热损耗，等于甚至高于开关损耗降低量。

　　（4）高耐压元件特性通常低于低耐压元件（导通电阻等），增大导通损耗，等于甚至高于开关损耗降低量。

5.2.4　宽带隙半导体带来高频化和损耗降低

以往的Si-IGBT用于开关设备时，工作频率限制在数十kHz范围内。IGBT是双极设备，通常与单极设备MOSFET相比，开关速度，尤其是关断速度较慢，不适合高频化。MOSFET适合高频开关，导通电阻与耐压的2.4～2.6次方成正比，在高压用途上与IGBT相比，导通损耗更大。要想使MOSFET高频工作，必须抑制与频率成正比的损耗成分[开关损耗（式（4.4）和式（4.6））、栅极驱动损耗（式（4.8））、C_{oss}的充电损耗（式（4.9））]，所以我们不仅要提高开关速度，还要降低C_{iss}和C_{oss}等寄生电容。

近年来，碳化硅（SiC）和氮化镓（GaN）等宽带隙半导体设备逐渐走入人们的视野，功率变换器的高频化正在迅速发展。与具有相同耐压程度的早期Si设备相比，如今我们已经实现了高速开关、低导通电阻，以及低寄生电容。将传统Si设备替换为宽带隙半导体设备，不仅可以通过高频化实现无源元件的小型化，还可以通过高效化（降低损耗）实现散热装置的小型化。

表5.1比较了650V耐压设备的代表性参数。从表中可知，SiC和GaN设备与Si设备相比，起动时间t_r和关闭时间t_f更短（即开关速度更快），而且C_{iss}和C_{oss}是低寄生电容，值更小。尤其是GaN设备，所有参数都偏低。一般情况下，SiC设备适合600V以上的高压用途，GaN设备更适合低电压、高工作频率的用途。

表 5.1　半导体开关的基础特性比较

	Si-IGBT RGT50TS65D	Si-MOSFET R6520KNZ4	SiC-MOSFET SCT3120ALHR	GaN GS66508P
漏极电流 I_D / A	集电极电流 25 A	20	21	30
漏源电阻 R_{DS} / V	饱和电压 1.65 V	205	120	50
最高结温 / ℃	175	150	175	150
输入电容 C_{iss} / pF	1400	1550	460	260
输出电容 C_{oss} / pF	56	1450	35	65
反向传输电容 C_{rss} / pF	22	45	16	2
总栅极电荷 Q_g / nC	49	40	38	5.8
上升时间 t_r / ns	32	50	21	3.7
下降时间 t_f / ns	65	30	14	5.2

5.3 高能量密度无源元件助力小型化

5.3.1 电感和电容器的能量密度

表5.2列出了市面在售的电容器和电感的额定值和能量密度。电感的能量密度不到电容器的百分之一，尤其是与钽电容器或陶瓷电容器相比，能量密度最多为其千分之一[2,3]。常见的变换器利用电感能量的充放电进行功率变换，但只要用高能量密度的电容器取代电感，或者用电容器承担电感的一部分充放电电量，就能够提升变换器的功率密度，实现电路的小型化。

表 5.2 电感和电容器的比较

	型 号	制造商	数 值	额定值	尺寸 /mm	能量密度 / (μJ/mm^3)
电感	7447709330	Wurth Electronics	33μH	4.2A	12 × 12 × 10	0.202
	7447709150	Wurth Electronics	15μH	6.5A	12 × 12 × 10	0.22
铝电解 电容器	UUD1A331MNL1GS	Nichicon	330μF	10V	8 × 8 × 10	25.8
	PCE3909TR-ND	Panasonic	470μF	25V	10 × 10 × 10	147
钽 电容器	TPSE337M010R0100	AVX	330μF	10V	7.3 × 4.3 × 4.3	122
	T491X107K025ZT	Kemet	100μF	25V	7.3 × 4.3 × 4.3	232
陶瓷 电容器	GRM32ER61A107ME20L	Murata	100μF	10V	3.2 × 2.5 × 2.7	231
	C7563X7R1E476M230LE	TDK	47μF	25V	7.5 × 6.3 × 2.6	120

5.3.2 采用电容器的功率变换

开关电容变换器（switched capacitor converter，SCC）不同于以电感为主要元件的斩波器等，它以电容器为主要元件。SCC的基本电路结构示例如图5.4所示。每种电路中奇数号码开关（S_1和S_3）和偶数号码开关（S_2和S_4）以50%的固定占空比互补工作，将电荷从输入电源V_{in}经过电容器C输送给负载电阻R_{out}。

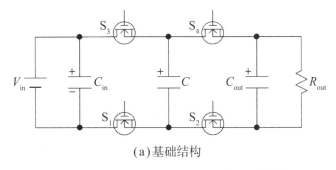

（a）基础结构

图5.4 开关电容变换器的基本电路结构

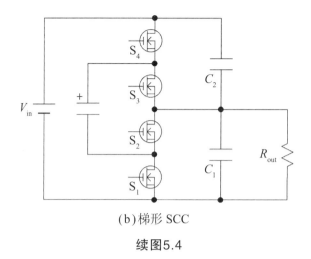

(b)梯形 SCC

续图5.4

与斩波器等相比，SCC需要多个开关，电路结构较复杂，但是有望通过采用高能量密度的电容器飞跃性地实现小型化。由于电路中没有电感，无法采用电感充放电的PWM控制，输出输入电压比受限于电路结构决定的固定值。如图5.4(a)所示，SCC的输出输入电压比为1.0，图5.4(b)电路中则为1/2。通过控制 f_s 也可以调整输出输入电压比，但会导致损耗激增。详细内容请参照第7章。

在SCC中加入电感，就构成了图5.5的混合开关电容变换器[4~7]或图5.6的多电平飞跨电容变换器[8~10]等。由于电感的存在，变换器的功率密度低于SCC单体，但是可以利用电感充放电的PWM控制来调整输出输入电压比。能够实现电感小型化的SCC方式还包括谐振型SCC和移相SCC等，具体请参考第8章。

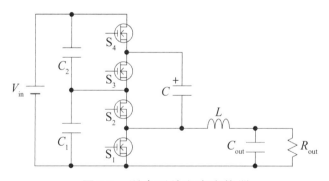

图5.5　混合开关电容变换器

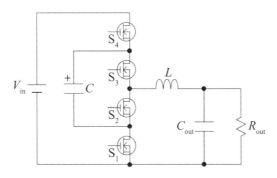

图5.6 多电平飞跨电容变换器

5.4 高效化及耐高温元件助力散热装置小型化

变换器的损耗会带动开关设备发热，为了防止电路损伤并在不影响设备寿命的前提下使用变换器，必须进行适当的热处理。热量较少时可以采取自然空冷或风扇等强制空冷方式，热量较多时要采用水冷方式。无论哪种方式都会用到散热器等散热装置，而这些装置在变换器中都占据很大的体积比重，如图5.1所示。降低损耗本身是散热装置小型化最有效的方式，在研究变换器的高效化时不仅要有效活用能量，电路的小型化也十分重要。降低热量使散热装置小型化的研究在电力电子领域中十分普遍，本书就不赘述了。

5.5 组合开关和无源元件以减少元件数量

5.5.1 变换器单体与磁性元件组合

变换器根据电路方式不同，包含若干个磁性元件。例如图2.11中的SEPIC、Zeta变换器、Cuk变换器、Superbuck变换器有两个电感，理论上工作时这些电感上的电压相同。如图5.7所示，电感相组合构成耦合电感，工作时磁通相互抵消，这样就可以将电感数量减少一半，实现小型化。

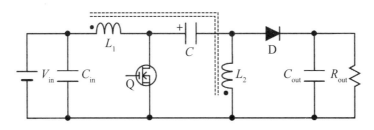

图5.7 采用组合电感的SEPIC

此外，交替变换器能够错开若干个并联斩波电路的相位，在增大输入输出端口的载流量的同时降低电流纹波。图5.8(a)为两相交替升压斩波图例，它等效于两相（L_1、Q_1、D_1组成的相和L_2、Q_2、D_2组成的相）升压斩波电路。将Q_1和Q_2的相位错开180°后开关，输入端的L_1和L_2电流纹波相抵消，可以使输入滤波电容器C_{in}的容量低于单相升压斩波。输出端子的D_1和D_2交互导通，可以使输出滤波电容器C_{out}的容量低于单相升压斩波。交替变换器的各个相位交替工作，相当于开关频率是单相的n倍（n为相数）。等效高频可以降低输入输出电容器的充放电电量，实现小型化。

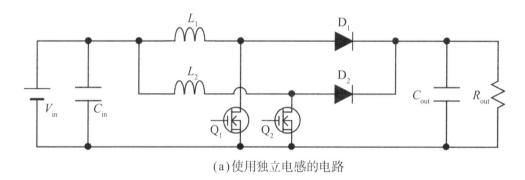

(a)使用独立电感的电路

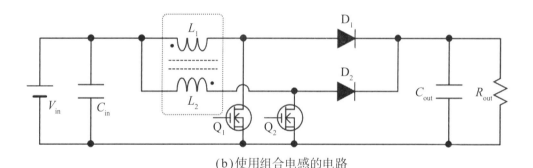

(b)使用组合电感的电路

图5.8　交替升压斩波

如图5.8(a)所示，交替变换器的每相都有电感，这些电感可以耦合起来，如图5.8(b)所示。适当调整耦合系数，将两个电感耦合起来，将耦合电感的漏感和励磁电感用于电路工作。应用耦合电感会提高设计难度，但是这样比分别使用电感更有助于减少磁性元件数量，并且实现电路小型化[12]。

5.5.2　系统级别的组合

多个应用程序对应多个电源，也就需要多个变换器。举个例子，图5.9是含电源的独立太阳能发电系统。这个系统中含有太阳能光伏板和电池两种电源。光伏板发电量较大的日间，光伏板向负载供电，剩余电量储存在电池中。而夜间和阴雨天气时，光伏板发电量较低，电池本身向负载供电或补充光伏板电力不足的部分。这种太阳能发电系统中需要控制电池充放电的双向变换器，其中包括具备最大功率点跟踪（maximum power point tracking，MPPT）功能的单相变换器。

共享主要元件并组合若干个变换器的多端口变换器（multiport converter，MPC）方案被提出。MPC大致分为非隔离型、隔离型和部分隔离型。

非隔离型MPC共享开关和电感，同时将若干个非隔离型变换器（斩波）相组合。在图5.9(a)的电源系统中单独使用非隔离型变换器时，太阳能光伏板和电池各需要一个斩波电路，如图5.10(a)所示，因此合计四个半导体开关（含二极管）。这两个斩波电路通过共享开关能够导出图5.10(b)中的非隔离型MPC[13~15]。此非隔离型MPC的开关总数被减少到3个。Q_L和Q_M组合在图5.7(a)中作为Q_{L1}工作，而Q_H和Q_M组合相当于图5.7(a)中的Q_{L2}。也就是说，Q_M工作时Q_L和Q_H同时导通（重叠）。这是共享两种基本斩波电路开关的最基础的非隔离型MPC，从其他斩波电路也可以导出MPC[16]。有的MPC甚至可以将电感减少到一个[17,18]。

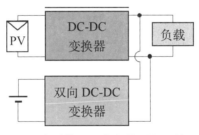

(a)分别使用两台变换器的系统

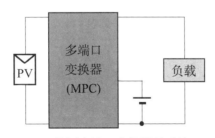

(b)使用多端口变换器的系统

图5.9 独立太阳能发电系统通过多端口变换器进行系统级别的组合

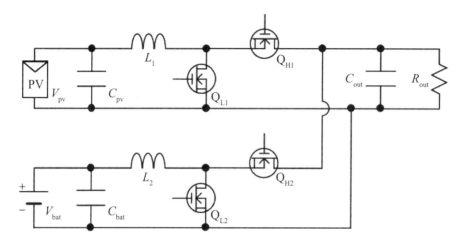

(a) 分别使用两台降压斩波的系统

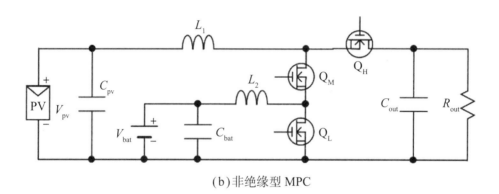

(b) 非绝缘型 MPC

图5.10　非隔离型MPC图例

隔离型MPC以多绕组变压器为轴心设置若干有源电桥，三个桥的电路被称为三有源桥变换器（tripleactive bridge，TAB）（图5.11(a)）[19]。三有源桥变换器的工作原理与DAB（双有源桥变换器）相同，通过调节各桥之间生成的矩形波电压（v_{ab}、v_{cd}、v_{ef}）的相位差，在三个端口之间传输功率。功率由超前相位电桥传输到滞后相位电桥。如图5.11(a)所示，DAB变换器构成的系统中需要16个含两个DAB变换器的开关和两个变压器。相对的，采用TAB变换器的系统可以将所需的元件数减少至12个开关和一个变压器，有助于实现电路小型化和低成本化。

TAB变换器的等效电路如图5.11(b)所示。三个矩形波电压通过电感$L_1 \sim L_3$以Y接线形式相连。Y接线可以等效变换为△接线（$L_1 = L_2 = L_3$）。△接线TAB变换器与三个DAB变换器的等效电路相同，各个电桥之间的功率可以根据电位差确定[20, 21]。

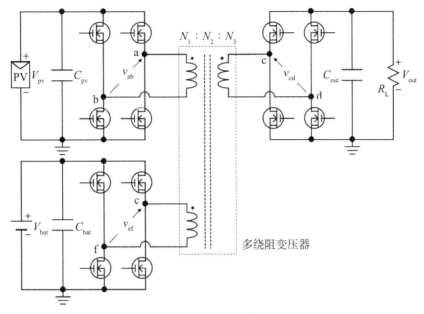

(a)TAB 变换器

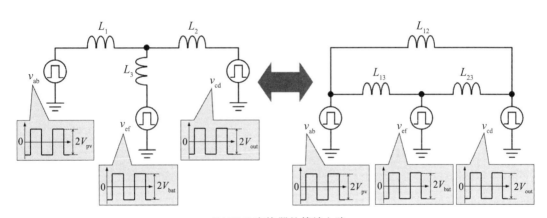

(b)TAB 变换器的等效电路

图5.11　隔离型多端口变换器（TAB）

部分隔离型MPC共享并结合了隔离型DC-DC变换器和非隔离型DC-DC变换器的开关或磁性元件。图5.12是双相斩波和LLC变换器导出的部分隔离型MPC示例。两个电路都包含Q_L和Q_H组成的开关腿，以共享腿的形式组合两个电路，从而将开关总数减半。用调节开关占空比的PWM控制来调整V_{in}和V_{out}的电压比，同时用调节开关频率的脉冲频率调制（pulse frequency modulation，PFM）调节负载电压V_{out}。图中展示了仅共享开关导出的部分隔离型MPC，如果在此基础上再共享磁性元件，就能够实现电路的小型化[23]。

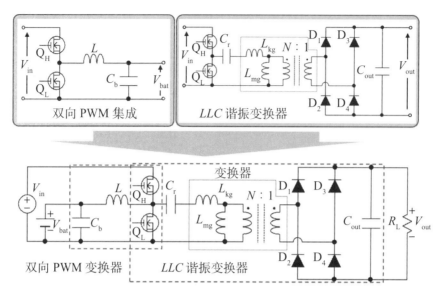

图5.12　双相斩波和*LLC*变换器组成的部分隔离型多端口变换器示例

除了谐振变换器，也可以从DAB变换器等隔离型变换器导出其他种类的部分绝缘MPC[24]。图5.13展示了双相交替双向斩波和DAB变换器组成的部分隔离型MPC。双相交替斩波与两个双向斩波并联，一方面增强了载流量，另一方面将相位错开180°，有望降低输入输出电流纹波。用PWM控制调整交替斩波的输出输入电压比，移相（phase shift，PS）控制调整变压器一次侧和二次侧电路的驱动相位，使V_{out}相当于DAB变换器的输出[24]。

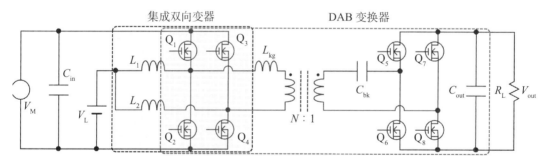

图5.13　交替双向斩波和DAB变换器组成的部分隔离型多端口变换器示例

参考文献

［1］M.März, A.Schletz, B.Eckardt, S.Egelkraut, H.Rauh. Power electronics system integration for electric and hybrid vehicles. IEEE 2010 6th Int Conf. Integrated Power Electron Syst (CIPS 2010), 2010.

［2］S.R.Sanders, E.Alon, H.P.Le, M.D.Seeman, M.Jhon, V.W.Ng. The road to fully integrated dc-dc conversion via the switched capacitor approach. IEEE Trans. Power Electron, 2013, 28(9): 4146-4155.

［3］M.Uno, A.Kukita. PWM switched capacitor converter with switched capacitor-inductor cell for adjustable high step-down voltage conversion. IEEE Trans. Power Electron, 2019, 34(1): 425-437.

［4］D.F.Cortez, G.Waltrich, J.Fraigneaud, H.Miranda, I.Barbi. DC-DC converter for dual-voltage automotive systems based on bidirectional hybrid switched-capacitor architectures. IEEE Trans. Ind. Electron, 2015, 62(5): 3296-3304.

［5］M.Evzelman, S.B.Yaakov. Simulation of hybrid converters by averagemodels. IEEE Trans. Ind. Appl, 2014, 50(2)pp. 1106-1113.

［6］B.P.Baddipadiga, M.Ferdowsi. A high-voltage gain dc-dc converter based on modified Dickson charge pump voltage multiplier. IEEE Trans. Power Electron, 2017, 32(10): 7707-7715.

［7］S.Xiong, S.C.Tan, S.C.Wong. Analysis and design of a high-voltagegain hybrid switched capacitor buck converter. IEEE Trans. Circuits Syst. I, 2012, 59(5): 1132-1141.

［8］W.Qian, H.Cha, F.Z.Peng, L.M.Tolbert. 55-kW variable 3X dc-dc converter for plug-in hybrid electric vehicles. IEEE Trans. Power Electron, 2012, 27(4): 1668-1678.

［9］W.Kim, D.Brooks, G.Y.Wei. A fully-integrated 3-level dc-dc converter for nanosecond-scale DVFS. IEEE J.Solid-State Circuit, 2012, 47(1): 206-219.

［10］Y.Lei, W.C.Liu, R.C.N.P.Podgurski. An analytical method to evaluate and design hybrid switched-capacitor and multilevel converters. IEEE Trans. Power Electron, 2018, 33(3): 2227-2240.

［11］Coilcraft. Coupled Inductor Guide. https://www. coilcraft. com/edu/Coupled%20Inductor. cfm.

［12］山本真義, 川島崇宏. パワーエレクトロニクス回路における小型・高効率設計法. 科学情報出版, 2014.

［13］E.C.Santos. Dual-output dc-dc buck converters with bidirectional and unidirectional characteristics. IET Trans. Power Electron, 2013, 6(5): 999-1009.

［14］O.Ray, A.P.Josyula, S.Mishra, A.Joshi. Integrated dual-output converter. IEEE Trans. Ind. Electron, 2015, 62(1): 371-382.

［15］N.Katayama, S.Tosaka, T.Yamanaka, M.Hayase, K.Dowaki, S.Kogoshi. New topology for DC-DC converters used in fuel cell-electric double layer capacitor hybrid power source systems for mobile devices. IEEE Trans. Ind. Electron, 2016, 52(1): 313-32.

［16］H.Nagata, M.Uno. Multi-port converter integrating two PWM converters for multi-power-source systems. in Proc. Int. Future Energy Electron. Conf. 2017 (IFEEC 2017), 2017, 1833-183.

［17］A.Hintz, U.R.Prasanna, K.Rajashekara. Novel modular multipleinput bidirectional DC-DC power converter (MIPC) for HEV/FCV application. IEEE Ind. Electron, 2015, 62(5): 3068-307.

［18］A.I, S.Senthilkumar, D.Biswas, M.Kaliamoorthy. Dynamic power management system employing a single-stage power converter for standalone solar PV applications. IEEE Trans. Power Electron, 2018, 33(12): 10352-1036.

［19］C.Zhao, S.D.Round, J.W.Kolar. An isolated three-port bidirectional DC-DC converter with decoupled power flow management. IEEE Ind. Electron, 2008, 23(5): 2443-245.

［20］S.Falcones, R.Ayyanar, X.Mao. A DC-DC multiport-converterbased solid-state transformer integrating distributed generation and storage. IEEE Trans. Power Electron, 2013, 28(5): 2192-2203.

［21］L.Wang, Z.Wang, H.Li. Asymmetrical duty cycle control and decoupled power flow design of a three-port bidirectional DC-DC converter for fuel cell vehicle application. IEEE Trans. Power Electron, 2012, 27(2): 891-904.

［22］X.Sun, Y.Shen, W.Li, H.Wu. A PWM and PFM hybrid modulated three-port converter for a standalone PV/battery power system. IEEE J.Emerg. Sel. Topics Power Electron, 2015, 3(4): 984-1000.

［23］M.Uno, R.Oyama, K.Sugiyama. Partially-isolated single-magnetic multi-port converter based on integration of series-resonant converter and bidirectional PWM converter. IEEE Trans. Power Electron, 2018, 33(11): 9575-9587.

［24］W.Li, J.Xiao, Y.Zhao, X.He. PWM plus phase angle shift (PPAS) control scheme for combined multiport DC/DC converters. IEEE Trans. Power Electron, 2012, 27(3): 1479-1489.

第6章
谐振变换器

谐振变换器是一种能够通过软开关工作降低开关损耗的功率变换电路。谐振变换器也分为非隔离型和隔离型，本章仅讲解隔离型谐振变换器。谐振变换器因谐振电路不同，电路方式也不同，本文主要介绍最普遍的串联谐振变换器和LLC谐振变换器。

6.1 概　要

6.1.1　谐振变换器的结构和特征

本章介绍的谐振变换器属于隔离型变换器，结构如图6.1所示。它相当于在图3.14中的普通隔离型变换器中加入谐振电感L_r和谐振电容器C_r组成的谐振电路。变压器的一次侧电路的矩形波生成电路（电桥电路）产生矩形波电压，驱动谐振电路。如此一来，电路中的电压或电流约呈正弦波，功率就可以通过变压器传输到二次侧。传输的电流在整流电路中变为直流，以直流形式向负载供电。一般情况下，为了不影响谐振电路的工作，整流器中不使用滤波电感，主要通过电容器滤波。

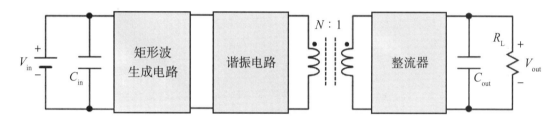

图6.1　谐振变换器的结构

谐振变换器中的电流或电压皆变化为正弦波，因此与电流和电压剧烈变化的PWM变换器相比，能够降低由电流变化率di/dt或电压变化率dv/dt引起的噪声，同时也能够降低软开关引起的开关损耗。但是谐振会导致电流或电压的峰值上升，所以选择元件时务必注意额定电流和耐压规格。谐振提高电流有效值的同时，热损耗也会增加，因此设计电路时要注意使谐振降低的开关损耗量高于热损耗的增量。

斩波电路和常见的隔离型变换器在稳定开关频率下采用能够调节开关占空比的PWM控制。DAB变换器在固定开关频率下采用移相控制，可以调节一次侧和二次侧电路之间的相位差。这些变换器的开关频率稳定，变换器的输入输出滤波器的设计只需以开关频率为标准即可。而谐振变换器的谐振电路阻抗Z随频率变化，因此一般通过调制脉冲频率（PFM）来进行输出电压控制。谐振变换器开关频率的变化范围必须足够大，才能满足大范围输出输入电压比（增益）和负载变化，恰到好处地设计变换器的输入输出滤波器难度很大。因此通常谐振变换器适用于输出输入电压比的变化和负载变化较小的场合。

6.1.2 谐振变换器的种类和特征

谐振变换器因谐振电路种类而展现出不同的特性。典型的谐振电路如图6.2所示。串联谐振电路在输入端口A-B和输出端口C-D中形成阻抗Z，所以输出电压低于输入输出电压。实际操作中，L_r中经常采用变压器的漏感L_{kg}。

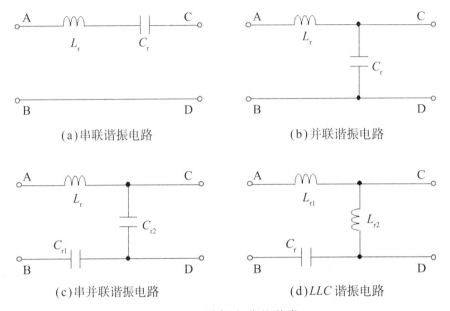

(a)串联谐振电路　　　　　　　　　(b)并联谐振电路

(c)串并联谐振电路　　　　　　　　(d)LLC谐振电路

图6.2　谐振电路的种类

并联谐振电路中C_r与输出端口C-D并联。C_r的电压可以高于输入电压，满足高升压用途，而且并联谐振电路在谐振频率的输出电流稳定[1]。

串并联谐振电路由串联谐振和并联谐振组合而成。从名字就可以看出，它同时具有串联谐振和并联谐振的两种特性和两种谐振频率[1]。

LLC谐振电路是谐振变换器中最常见的电路。这种电路也有两种谐振频率，能够获得比串联谐振变换器更大的增益特性。两个谐振电感L_{r1}和L_{r2}可以分别使用变压器的漏感L_{kg}和励磁电感L_{mg}，所以实际上只通过变压器和谐振电容器C_{Cr}也能够组成LLC谐振电路。因此谐振电路也有助于简化实际的电路结构。

6.2 串联谐振变换器

6.2.1 电路结构

串联谐振变换器的电路结构如图6.3所示。矩形波电压生成电路中使用非对称半桥，整流电路中使用全桥整流电路（全波整流电路）。虽然矩形波电压生成电路是非对称半桥，但是为了确保死区时间，以比0.5略低的相同占空比驱动高边开关Q_H和低边开关Q_L。非对称半桥中，谐振电容器C_r代替了隔离电容器C_{bk}，C_r不仅用于直流抑制，还用于谐振。如上文所述，谐振电感L_r可以使用变压器的漏感，所以此电路中只有变压器一种磁性元件。

如3.4节所述，在变压器一次侧用全桥逆变器代替半桥逆变器可以将输出输入电压比提高到2倍。在二次侧电路将全桥整流电路改为倍压电路也可以将输出输入电压比提高到2倍。但是矩形波电压生成电路和整流电路中谐振电路的电压不同，在下面的章节中介绍的整流电路的等效电阻及增益特性系数也会稍有不同。

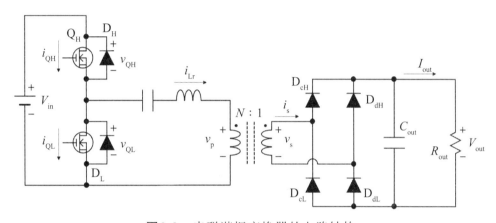

图6.3 串联谐振变换器的电路结构

6.2.2 谐振频率和开关频率的关系

串联谐振电路的谐振频率f_r和开关频率f_s的大小关系不同，串联谐振变换器的工作模式也不相同。$f_s>f_r$时，谐振电路表现出感性，矩形波电压相位超前于电流；$f_s<f_r$时，谐振电路表现出容性，矩形波电压的相位滞后于电流；$f_s=f_r$时，L_r和C_r的电抗相抵消，谐振电路表现出电阻性。

串联谐振变换器在$f_s<f_r$的条件下（即谐振电路表现出容性的范围）工作时，开关和与其并联的二极管的反向恢复导致开关时出现较大的瞬时短路电流，产生较大的开关损耗。所以一般情况下要使串联谐振变换器在$f_s>f_r$的范围内（谐振电路表现出感性的范围）工作。后面的章节主要针对$f_s>f_r$的工作模式进行讲解。$f_s<f_r$的工作状态请参照6.2.5节。

下式可以推导出串联谐振电路的谐振角频率ω_0和特性阻抗Z_0：

$$\omega_0 = 2\pi f_r = \frac{1}{\sqrt{L_r C_r}} \tag{6.1}$$

$$Z_0 = \omega_0 L_r = \frac{1}{\omega_0 C_r} = \sqrt{\frac{L_r}{C_r}} \tag{6.2}$$

L_r的最大储存电量E_{Lr}和C_r的最大储存电量E_{Cr}分别为

$$\begin{cases} E_{Lr} = \dfrac{1}{2} L_r I_m^2 \\ E_{Cr} = \dfrac{1}{2} C_r V_m^2 \end{cases} \tag{6.3}$$

其中，I_m和V_m分别是L_r的交流电流成分峰值和C_r的交流电压成分峰值，将它们代入式（6.3）和式（6.1）可以推导出

$$E_r = \frac{1}{2} L_r I_m^2 = \frac{1}{2} \frac{C_r I_m^2}{(C_r \omega_0)^2} = \frac{1}{2} C_r Z_0^2 I_m^2 = \frac{1}{2} C_r V_m^2 \tag{6.4}$$

上式意味着L_r的最大储存电量等于C_r的最大储存电量。稳态下谐振电路的瞬间储存电量是固定的，串联谐振电路中谐振的锐度Q_L定义如下式：

$$Q_L = \frac{\omega_0 L_r}{R} = \frac{1}{\omega_0 C_r R} = \frac{Z}{R} \tag{6.5}$$

6.2.3　工作模式（$f_s > f_r$）

$f_s > f_r$时，串联谐振变换器的工作波形和工作模式分别如图6.4和图6.5所示。低边开关Q_L的电压v_{QL}等于谐振电路的输入端子电压。而变压器一次侧绕组电压v_p相当于谐振电路的输出端子电压。所以谐振电路的电流i_{Lr}主要取决于v_{QL}和v_p。v_{gsH}和v_{gsL}是Q_H和Q_L的栅极电压，在插入死区时间的同时用相同的占空比进行驱动。

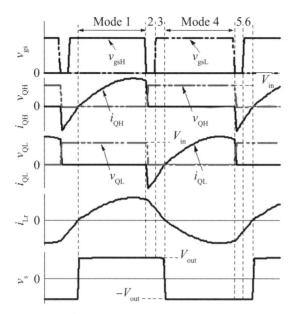

图6.4 串联谐振变换器的工作波形（$f_s > f_r$）

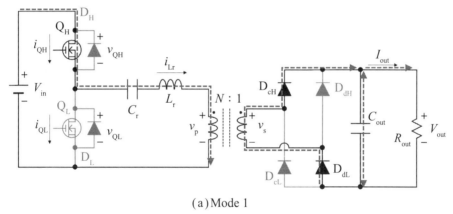

（a）Mode 1

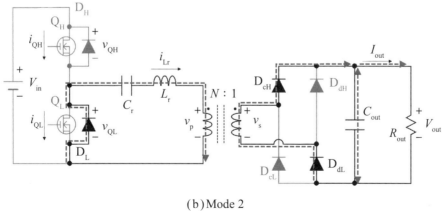

（b）Mode 2

图6.5 串联谐振变换器的工作模式

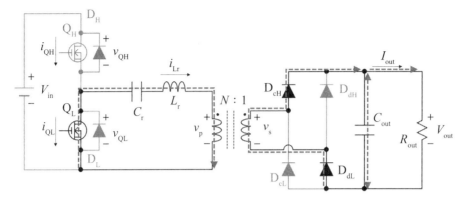

(c) Mode 3

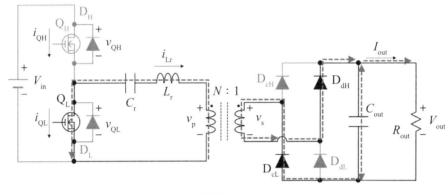

(d) Mode 4

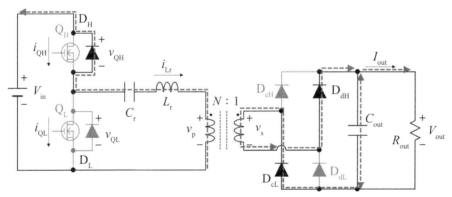

(e) Mode 5

续图6.5

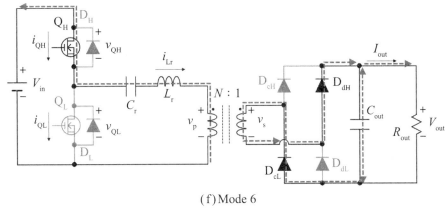

（f）Mode 6

续图6.5

Mode 1：Q_H导通，$v_{QL} = V_{in}$。i_{Lr}为正值，以正弦波变化。变压器二次侧电路中D_{cH}和D_{dL}导通，所以$v_p = NV_{out}$。

Mode 2：此模式相当于两个开关处于断态时的死区时间。i_{Lr}变为0之前，v_{gsH}下降，使Q_H关断。i_{Lr}换流至Q_L的体二极管，$v_{QL} = 0$。i_{Lr}为正值，变压器二次侧的D_{cH}和D_{dL}仍然导通，$v_p = NV_{out}$不变。

Mode 3：在i_{Lr}变为0之前施加v_{gsL}，使Q_L导通。Q_L的体二极管导通时（$v_{QL} = 0$），Q_L导通，实现ZVS导通。

Mode 4：i_{Lr}极性为负，变压器二次侧电路中D_{cL}和D_{dH}开始导通，$v_p = -NV_{out}$。i_{Lr}使Q_L向漏极–源极流通，呈正弦波变化。

Mode 5：与Mode 2相同，此模式为两个开关处于断态时的死区时间。i_{Lr}变为0之前，v_{gsL}下降，使Q_L关断。i_{Lr}换流至Q_H的体二极管，$v_{QL} = V_{in}$。i_{Lr}为负值，变压器二次侧的D_{cL}和D_{dH}仍然导通，$v_p = -NV_{out}$不变。

Mode 6：在i_{Lr}变为0之前施加v_{gsH}，使Q_H导通。Q_H的体二极管导通时（$v_{QH} = 0$），Q_H导通，实现ZVS导通。$i_{Lr} > 0$时再次进入Mode 1。

由图6.4可知，Mode 1 ~ Mode 3和Mode 4 ~ Mode 6的工作波形有对称性，因此通常可以在占空比为0.5时只解析谐振变换器半个周期的工作情况，再利用工作的对称性对整个周期的工作模式进行理解和分析。

6.2.4 基波近似法解析

如图6.4所示，变压器一次绕组电压v_p（$= Nv_s$）是平均电压为0，振幅为NV_{out}时的矩形波电压。根据傅里叶级数，这个矩形波电压的基波成分的振幅$V_{m.p}$为

$$V_{\text{m.p}} = \frac{4N}{\pi} V_{\text{out}} \qquad (6.6)$$

严格来说，i_{Lr} 并非正弦波，但我们可以假设 i_{Lr} 是频率与开关频率相同的正弦波电流。利用 Ni_{Lr} 的积分，输出电流 I_{out} 可以表示如下：

$$\begin{aligned}
I_{\text{out}} &= \frac{2}{T_{\text{s}}} \int_0^{T_{\text{s}}/2} Ni_{\text{Lr}}\,\mathrm{d}t \\
&= \frac{2}{T_{\text{s}}} \int_0^{T_{\text{s}}/2} NI_{\text{m.Lr}} \sin(\omega_0 t)\,\mathrm{d}t = \frac{2}{\pi} NI_{\text{m.Lr}}
\end{aligned} \qquad (6.7)$$

其中，$I_{\text{m.Lr}}$ 是一次侧 i_{Lr} 的振幅。整流电路中电压和电流相位相同，所以变压器一次绕组之后的电路整体的等效电阻 R_{eq} 计算如下：

$$R_{\text{eq}} = \frac{V_{\text{m.p}}}{I_{\text{m.Lr}}} = \frac{8N^2}{\pi^2} \frac{V_{\text{out}}}{I_{\text{out}}} = \frac{8N^2}{\pi^2} R_{\text{L}} \qquad (6.8)$$

其中，R_{L} 是负载电阻。

假设用图3.16(b)和(c)的倍压电路代替全桥整流电路作为二次侧电路使用，v_{p}（$= Nv_{\text{s}}$）是振幅为 $NV_{\text{out}}/2$ 的矩形波电压，所以 $V_{\text{m.p}} = 2NV_{\text{out}}/\pi$。与使用全桥整流电路的式（6.6）相比，数值降为一半。而使用图3.16(d)的中心抽头整流电路时，v_{p} 和 $V_{\text{m.p}}$ 与全桥整流电路相同，可以带入式（6.8）中的 R_{eq}。

串联谐振电路上的电压与 Q_{L} 的电压 v_{QL} 相等。如图6.4所示，v_{QL} 是平均电压为 $V_{\text{in}}/2$，振幅为 $V_{\text{in}}/2$ 的矩形波电压，根据傅里叶级数，基波成分的振幅 $V_{\text{m.inv}}$ 为

$$V_{\text{m.inv}} = \frac{2}{\pi} V_{\text{in}} \qquad (6.9)$$

所以串联谐振变换器的等效电路可以表示为图6.6。如果将图3.15(a)的全桥逆变器电路作为矩形波电压生成电路使用，则矩形波电压振幅为半桥的2倍，所以 $V_{\text{m.inv}}$ 也变为2倍（即系数为2倍，$V_{\text{m.inv}} = 4V_{\text{in}}/\pi$）。

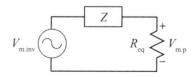

图6.6　串联谐振变换器的等效电路

串联谐振电路的阻抗 Z 和 R_{eq} 的合成阻抗 Z_{total} 用式（6.5）定义的 Q_{L} 表示如下：

$$Z_{total} = R_{eq} + Z = R_{eq} + j\left(\omega L_r - \frac{1}{\omega C_r}\right)$$

$$= R_{eq}\left[1 + jQ_L\left(\frac{\omega}{\omega_0} - \frac{\omega_0}{\omega}\right)\right] \qquad (6.10)$$

其中，ω为开关角频率。将式（6.6）和式（6.7）代入图6.6，可以计算出串联谐振变换器的增益G：

$$G = \frac{V_{out}}{V_{in}} = \frac{1}{2N}\frac{V_{m.p}}{V_{m.inv}} = \frac{1}{2N}\frac{R_{eq}}{|Z_{total}|}$$

$$= \frac{1}{2N}\frac{1}{\sqrt{1 + Q_L^2\left(\frac{\omega}{\omega_0} - \frac{\omega_0}{\omega}\right)^2}} \qquad (6.11)$$

　　式（6.11）表现的串联谐振变换器的增益特性如图6.7所示。设$N = 0.5$，横轴表示ω除以ω_0（f_r除以f_s）得出的归一化角频率。$\omega/\omega_0 > 1$范围内，串联谐振电路表现出感性，增益G随频率的增加而降低。而串联谐振电表现出容性的$\omega/\omega_0 < 1$范围内，增益G随频率的增加而增大。G特性与Q_L值关系密切，重负载时Q_L值极大（即Q_L相当于负载的大小）。$\omega/\omega_0 = 1$时，即开关频率等于谐振频率时，G值始终是1.0，与Q_L值无关。如前文所述，应该使串联谐振变换器在$f_s > f_r$（$\omega > \omega_0$），即谐振电路表现出感性的范围内（$\omega/\omega_0 > 1$）工作，但是增益会随着ω/ω_0的增加而降低。这是因为图6.6中的等效电路在$\omega/\omega_0 = 1$时$Z = 0$，R_{eq}上产生高压，而ω/ω_0越大，Z也越大，其电压降导致R_{eq}的电压降低。

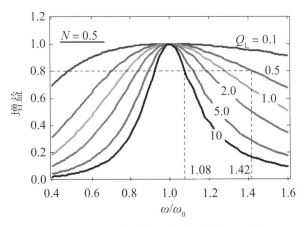

图6.7　串联谐振变换器的增益特性

　　下面在不忽略负载变化（Q_L变化）的情况下考虑通过串联谐振变换器使G固定不变。例如，将G维持在0.8时，$Q_L = 10$的重负载时$f_s/f_r = 1.08$，$Q_L = 0.5$的轻负载时需要提升至$\omega/\omega_0 = 1.42$。这种情况下，为了覆盖足够大的负载范围，开关频率必须能够大范围变化。所以谐振变换器适合用于负载变动较小的情况。

6.2.5 工作模式（$f_s < f_r$）

$f_s < f_r$的工作波形和工作模式如图6.8和图6.9所示。为了明确$f_s < f_r$中的问题，图6.9中也包含了MOSFET的输出电容C_{ossH}和C_{ossL}。而且为了简化电路，我们用前面的章节中推导出的等效电阻R_{eq}替换变压器后面的电路。

Mode 1：Q_H处于通态，i_{Lr}以正弦波变化。这与$f_s > f_r$时Mode 1的工作情况相同。Q_H的电压v_{QH}为0，Q_L的电压v_{QL}为V_{in}。

Mode 2：Q_H仍然处于通态，i_{Lr}的极性反转为负。这时i_{Lr}主要通过开关通道流向电源V_{in}。v_{QH}和v_{QL}的值与Mode 1相同。

Mode 3：此模式是两个开关的栅极电压都为0的死区时间。降低v_{gsH}，Q_H关断，i_{Lr}开始通过Q_H的体二极管D_{bH}。D_{bH}仍处于导通状态，所以v_{QH}还是0，C_{ossH}的电压也是0。Q_H关断前后$v_{QH} = 0$，所以Q_H被ZVS关断。而v_{QL}仍然是V_{in}，C_{ossL}的电压也是V_{in}。

Mode 4：死区时间结束，施加电压v_{gsL}，Q_L进入通态。这时由于C_{ossH}的电压从0突然变为Q_L导通，电源V_{in}瞬间通过C_{ossH}和Q_L而短路，产生大电流。这时C_{ossH}迅速充电。Q_L的电压v_{QL}迅速从V_{in}降至0，硬开关导通，这个瞬间C_{ossL}在Q_L通道中短路，通过大电流放电。所以在Q_L导通的这一瞬间出现C_{ossH}的充电电流和C_{ossL}的放电电流，二者电流都极大，会产生极大的开关损耗。

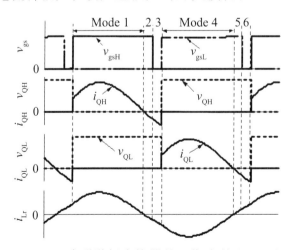

图6.8 串联谐振变换器的工作波形（$f_s < f_r$）

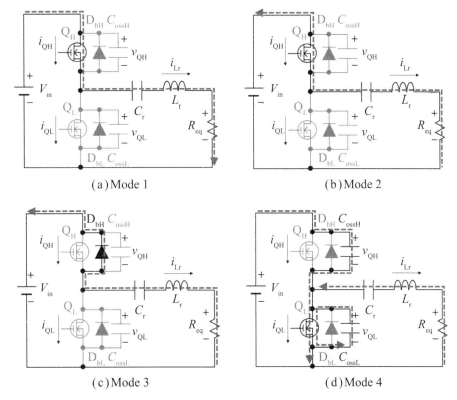

图6.9 串联谐振变换器的工作模式（$f_s < f_r$）

如前面章节所述，谐振变换器的工作有对称性，Mode 4～Mode 6相当于Mode 1～Mode 3的对称模式。在$f_s < f_r$的情况下，Mode 4开始时出现大电流，C_{ossH}和C_{ossL}分别充电和放电，在Q_L导通时会产生极大的开关损耗；同样，Mode 1开始时，在Q_H导通的一瞬间出现大电流，C_{ossL}和C_{ossH}被充放电，同时在Q_H产生巨大的开关损耗。综上所述，$f_s < f_r$时，C_{ossH}和C_{ossL}的迅速充放电会导致大电流的出现，产生极大的开关损耗，所以不建议在$f_s < f_r$范围内工作。

6.3 *LLC*谐振变换器

6.3.1 电路结构

　　*LLC*谐振变换器的电路结构如图6.10所示。矩形波电压生成电路中采用非对称半桥，整流电路中采用全桥整流电路（全波整流电路），也可以采用其他电路。与串联谐振变换器相同，变换器在设置死区时间的同时用相同的占空比驱动Q_H和Q_L。不同于串联谐振变换器的是，这种变换器将L_r和变压器的励磁电感L_{mg}用于谐振工作，所以如果将漏感用于L_r，只要一个变压器就能够实现电路中所有

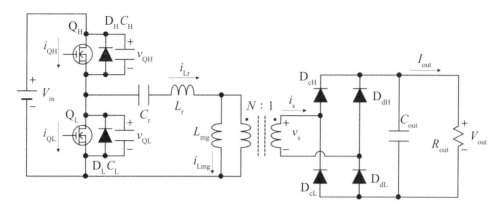

图6.10　LLC谐振变换器的电路结构

磁性元件的功能。

与Q_H和Q_L并联的二极管（D_H和D_L）和电容器（C_H和C_L）在LLC变换器的工作中起到至关重要的作用。充分利用好这些元件，LLC谐振变换器就能够在导通和关断时都实现软开关。而且在这些软件中使用MOSFET的体二极管和输出电容（C_{oss}）就能够减少元件数，简化变换器。

LLC谐振变换器的电路结构与串联谐振变换器非常相似，但是L_{mg}作用的不同使理论工作和增益特性等差异较大。因为L_r和L_{mg}都参与谐振工作，所以LLC变换器有两种谐振频率。下一节我们讲解这两种谐振频率和开关频率的关系。

6.3.2　谐振频率和开关频率的关系

LLC变换器中有基于L_r与C_r的谐振和基于L_r、L_{mg}与C_r的谐振两种模式。二者的谐振频率f_{r0}和f_{rp}计算如下：

$$\omega_0 = 2\pi f_{r0} = \frac{1}{\sqrt{L_r C_r}} \tag{6.12}$$

$$\omega_p = 2\pi f_{rp} = \frac{1}{\sqrt{(L_r + L_{mg}) C_r}} \tag{6.13}$$

其中，ω_0和ω_p是谐振角频率，两个谐振频率之间的关系为$f_{r0} > f_{rp}$。

式（6.12）等同于式（6.1），说明$f_s = f_{r0}$（f_s是开关频率）附近的频率范围内L_{mg}几乎不参与谐振工作。也就是说，LLC谐振电路相当于串联谐振电路，在$f_s \geqslant f_{r0}$范围内，LLC变换器表现出与串联谐振变换器相同的特性。而在频率低于

f_{rp}的范围内，与6.2.5节中的串联谐振变换器的工作模式相同，*LLC*谐振电路表现出容性，硬开关导致损耗巨大。因此*LLC*变换器适合频率大于f_{rp}的工作环境。下面我们针对$f_{r0}>f_s>f_{\text{rp}}$和$f_s>f_{r0}$两个范围进行工作模式讲解。

6.3.3 工作模式（$f_{r0}>f_s>f_{\text{rp}}$）

$f_{r0}>f_s>f_{\text{rp}}$时，*LLC*谐振变换器的工作波形和工作模式分别如图6.11和图6.12所示。

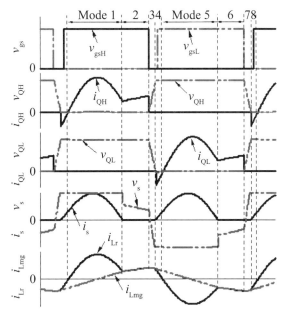

图6.11 *LLC*谐振变换器的工作波形（$f_{r0}>f_s>f_{\text{rp}}$）

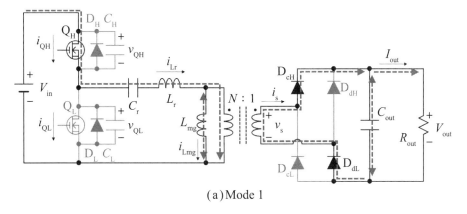

（a）Mode 1

图6.12 串联谐振变换器的工作模式（$f_{r0}>f_s>f_{\text{rp}}$）

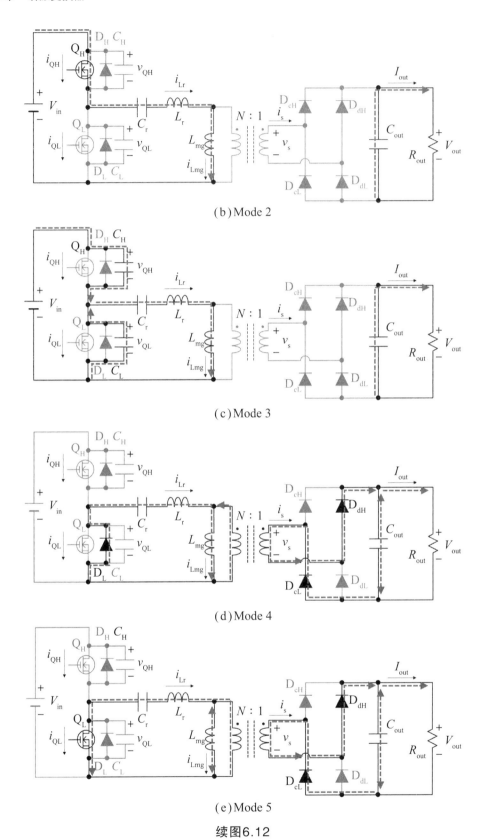

(b) Mode 2

(c) Mode 3

(d) Mode 4

(e) Mode 5

续图6.12

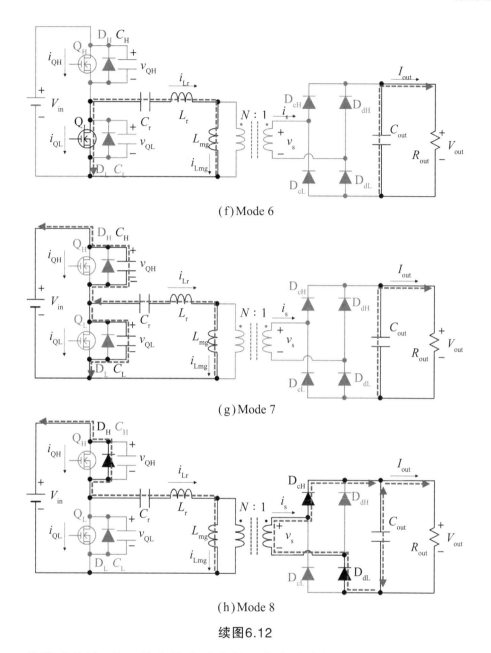

(f) Mode 6

(g) Mode 7

(h) Mode 8

续图6.12

工作模式共计8种，前半段和后半段工作有对称性。

Mode 1：电压为v_{gsH}的Q_H处于通态，$v_{QL} = V_{in}$。i_{Lr}为正值，以正弦波变化。变压器二次侧电路中D_{cH}和D_{dL}导通，所以$V_s = V_{out}$。因此L_{mg}的电压$v_{Lmg} = NV_{out}$，i_{Lmg}线性增加。此模式会持续到$i_{Lr} = i_{Lmg}$为止。

Mode 2：$i_{Lr} = i_{Lmg}$，电流无法传输到变压器二次侧。一次侧电路的LLC谐振电路中C_r、L_r和L_{mg}中有串联电流。也就是说，L_r、L_{mg}与C_r谐振。

Mode 3：v_{gsH}降低，Q_H关断，此模式开启。两个开关都处于断态，i_{Lr}（$=i_{Lmg}$）通过C_H和C_L。此模式初期C_H的电压v_{QH}为0，i_{Lr}为C_H充电后，v_{QH}上升。另一方面，Q_H和Q_L的腿连接输入电源，这些开关的总电压始终为V_{in}（即$v_{QH}+v_{QL}=V_{in}$）。因此v_{QH}上升的同时v_{QL}下降，这就相当于C_L通过i_{Lr}放电。此模式下i_{Lr}为C_H充电，为C_L放电，v_{QH}和v_{QL}按一定斜率变化。因为i_{QH}关断，Q_H通道中的电流突然变为0，电压v_{QH}按一定斜率上升，实现ZVS关断。此模式会持续到v_{QL}变为0为止。

Mode 4：$v_{QL}=0$时D_L进入正偏置状态并导通，同时变压器二次侧电路中D_{cL}和D_{dH}开始导通，$V_s=-V_{out}$。所以$v_{Lmg}=-NV_{out}$，i_{Lmg}开始线性降低。这时i_{Lr}约以正弦波变化。i_{Lg}的极性由正变负之前，也就是在D_L导通、$v_{QL}=0$之间施加v_{gsL}，使Q_L完成ZVS导通。

Mode 5：i_{Lr}的极性反转为负值，Q_L中的电流由漏极流向源极。除了i_{Lr}的极性，此模式的电路与Mode 4相同。此模式会持续到$i_{Lr}=i_{Lmg}$。

Mode 6：$i_{Lr}=i_{Lmg}$，电流无法传输到变压器二次侧。一次侧电路的LLC谐振电路中，C_r、L_r和L_{mg}中有串联电流，也就是说，L_r、L_{mg}与C_r谐振。

Mode 7：v_{gsH}降低，Q_L关断，此模式开启。两个开关都处于断态，i_{Lr}（$=i_{Lmg}$）通过C_H和C_L。此模式初期C_L的电压v_{QL}为0，i_{Lr}为C_L充电后，v_{QL}上升。另一方面，Q_H和Q_L的腿连接输入电源，这些开关的总电压始终为V_{in}。因此v_{QL}上升的同时v_{QH}下降，这就相当于i_{Lr}令C_H放电。此模式下i_{Lr}使得C_L充电，C_H放电，v_{QH}和v_{QL}按比例变化。因为i_{QL}关断，Q_L通道中的电流突然变为0，电压v_{QL}按比例上升，实现ZVS关断。此模式会持续到v_{QH}变为0为止。

Mode 8：$v_{QH}=0$时D_H进入正向偏置状态并导通，同时变压器二次侧电路中的D_{cH}和D_{dL}开始导通，$V_s=V_{out}$。所以$v_{Lmg}=NV_{out}$，i_{Lmg}开始线性增加。这时i_{Lr}几乎以正弦波变化。在i_{Lg}的极性由负变正之前，也就是D_H导通到$v_{QH}=0$之间施加v_{gsH}，Q_H完成ZVS导通。

经过上述一系列的工作，两个开关能够实现ZVS导通和关断。由图6.11可知，Mode 1 ~ Mode 4和Mode 5 ~ Mode 8的工作波形对称。利用工作对称性，我们可以通过对半个周期的分析对整个周期的工作模式进行把握。

6.3.4　工作模式（$f_s>f_{r0}$）

$f_s>f_{r0}$时，LLC谐振变换器的工作波形如图6.13所示，工作模式与图6.11相同，只不过少了$i_{Lkg}=i_{Lmg}$的Mode 2和Mode 6。除了i_{Lmg}，与图6.4的串联谐振变换器工作波形相同，$f_s>f_{r0}$的频率范围内，LLC谐振变换器的特性类似于串联谐振变换器。各模式的工作情况与6.3.3节相同，在此就不赘述了。

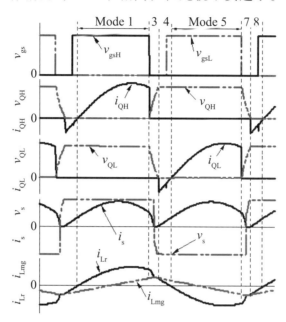

图6.13 LLC谐振变换器的工作波形（$f_s>f_{r0}$）

6.3.5 基波近似法解析

与6.2.4.节的串联谐振变换器的解析相同，我们用基波近似法对LLC谐振变换器进行解析。LLC谐振变换器中，变压器一次绕组之后的电路和工作波形与串联谐振变换器相，所以变压器一次绕组之后的电路可以用6.2.4节中导出的式（6.8）中的等效电阻R_{eq}来表示。而且LLC谐振电路中的电压也与串联谐振变换器相同，其基波成分的振幅$V_{m.inv}$可以用式（6.9）表示。综上所述，LLC谐振变换器可以用图6.14的等效电路表示。

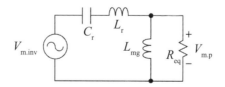

图6.14 LLC谐振变换器的等效电路

根据式（6.6）和式（6.9），LLC谐振变换器的增益可以用$V_{m.inv}$和$v_{m.p}$的比表示：

$$G = \frac{V_{\text{out}}}{V_{\text{in}}} = \frac{1}{2N}\frac{V_{\text{m.p}}}{V_{\text{m.inv}}} = \left|\frac{1}{1 + A\left(1 - \dfrac{\omega_0^2}{\omega^2}\right) + jQ_{\text{L}}\left(\dfrac{\omega}{\omega_0} - \dfrac{\omega_0}{\omega}\right)}\right|$$

$$= \frac{1}{\sqrt{\left[1 + A\left(1 - \dfrac{\omega_0^2}{\omega^2}\right)\right]^2 + \left[Q_{\text{L}}\left(\dfrac{\omega}{\omega_0} - \dfrac{\omega_0}{\omega}\right)\right]^2}} \tag{6.14}$$

其中，A和Q_{L}的定义如下：

$$A = \frac{L_{\text{r}}}{L_{\text{mg}}} \qquad Q_{\text{L}} = \frac{1}{R_{\text{eq}}}\sqrt{\frac{L_{\text{r}}}{C_{\text{r}}}} = \frac{\omega_0 L_{\text{r}}}{R_{\text{eq}}} = \frac{1}{R_{\text{eq}}\omega_0 C_{\text{r}}} \tag{6.15}$$

Q_{L}包含R_{eq}，数值越大，越相当于重负载。

式（6.14）中的LLC谐振变换器的增益G的特性如图6.15所示。设$N=0.5$，横轴表示ω除以ω_0（f_{s}除以f_{rp}）得出的归一化频率。G特性与Q_{L}值关系密切，重负载时（即Q_{L}数值较大时）G偏低。$f_{\text{r0}}>f_{\text{s}}>f_{\text{rp}}$范围内，即$\omega_0>\omega>\omega_{\text{p}}$范围内，根据$Q_{\text{L}}$值的不同，$G>1$。$\omega/\omega_0=1$时，$G$值与$Q_{\text{L}}$值无关，始终为$G=1$。

LLC变换器的G特性分为三个区域，不同区域的工作波形不同。$\omega/\omega_0<1$，$R_{\text{egion 1}}$的$G>1$的区域1中，工作波形如图6.11所示，可以实现ZVS工作。$\omega/\omega_0>1$，$R_{\text{egion 2}}$的G随频率降低的区域2中，工作波形如图6.13所示。$\omega/\omega_0<1$的区域3中，$R_{\text{egion 3}}$的工作波形类似串联谐振变换器，LLC变换器的G特性类似于串联谐振变换器，谐振电路表现出容性阻抗，G随着频率的增加而增加。谐振电路的阻抗表现出容性时，无法实现ZVS，所以一般情况下不可以在这个区域内工作。

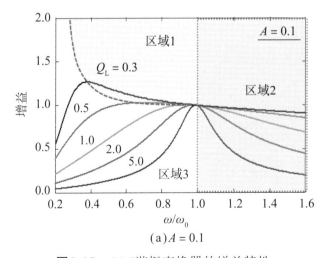

图6.15　LLC谐振变换器的增益特性

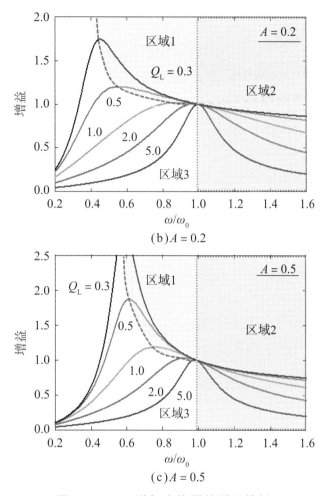

图6.15　*LLC*谐振变换器的增益特性

*A*值表示*L*ᵣ和*L*mg的比，数值越大，越接近轻负载（即*Q*ᴸ值偏小），越容易获得较大的*G*。但是*A*值越大，*L*mg的电流*i*Lmg相对越大，轻负载时*i*Lmg引起的热损耗越大。一般情况下*A*值在0.1～0.2之间。

6.3.6　ZVS条件

为了实现ZVS开关工作，必须在死区时间内使*L*mg的电流*i*mg完成对*C*ᴴ和*C*ᴸ的充放电。假设死区时间内*i*Lmg为稳定值*I*Lmg，*C*ᴴ和*C*ᴸ的充放电时间*T*t短于死区时间*T*dead，则*T*dead和*T*t必须满足下列关系式：

$$T_{\text{dead}} \geqslant T_{\text{t}} = \frac{(C_{\text{ossH}} + C_{\text{ossL}}) V_{\text{in}}}{I_{\text{Lmg}}} \qquad (6.16)$$

如果不满足上述条件，硬开关导通会发生在*C*ᴴ和*C*ᴸ充放电结束之前，产生巨大的开关损耗。

参考文献

［ 1 ］ M.K.Kazimierczuk, D.Czarkowski, Resonant power converters. New Jersey: Wiley, 2011.

第7章
开关电容变换器

如第5章所述，使用能量密度高于电感的电容器有助于实现变换器的小型化，其中提到了以电容器作为功率变换电路的"开关电容变换器"。本章主要讲解开关电容变换器的基础知识。

7.1 概 要

开关电容变换器（switched capacitor converter，SCC）的主电路元件只有开关和电容器。SCC无法利用电感的电压和时间的乘积进行功率变换，所以基本只能作为输出输入电压比不变的功率变换器，即分压电路或倍压电路来工作。但是如7.3节所述，稳态下电容的充放电电荷量受开关频率影响，变换器可以利用这一特点通过频率调制（PFM）来调节输出输入电压比。可是由PFM控制SCC的输出电压会导致损耗增加，因此只限于低功率用途。

开关与电容器相结合能够组成各种电路，如后面的章节所述，每种电路有其固有的特征。此外，在电路中增加开关数和电容器数可以扩大电路，增加（或减小）输出输入电压比。

电容器可以随开关动作在串联与并联之间切换，在多个电容器之间进行充放电工作。通常可以将电容器看作电压源，但是多个电容器通过开关串联时会产生较大的浪涌电流，这种情况容易引起噪声问题。随着输入输出功率的增加，噪声的恶性影响愈加显著，我们将在下一章中讲解大功率应用中怎样通过谐振型或移相方式等防止浪涌电流的产生。

7.2 SCC的典型电路结构

典型的SCC电路如图7.1所示。每一种电路都是由开关和电容器的单位电路

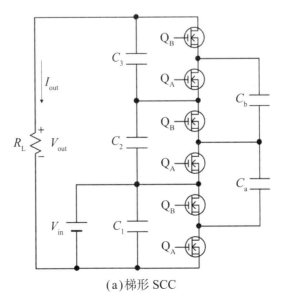

(a)梯形 SCC

图7.1 开关电容变换器的典型电路结构

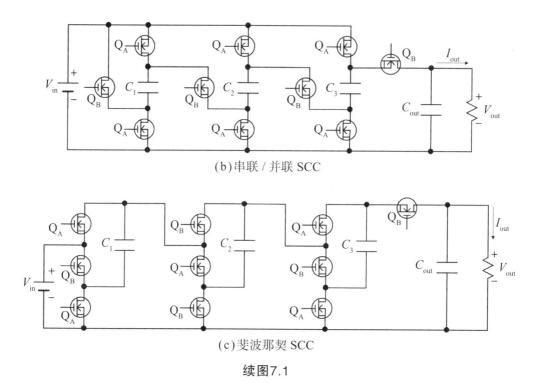

(b)串联 / 并联 SCC

(c)斐波那契 SCC

续图7.1

组成的多层结构。图7.1中的每一种电路都是三层结构（有电容器$C_1 \sim C_3$）的升压型电路，输出电压V_{out}是输入电压V_{in}的整数倍。通过用50%的占空比交替驱动Q_A和Q_B，得到与方式和层数相对应的V_{out}。本章所述的SCC不含二极管，图7.1的电路中交换输入电源V_{in}和负载电阻后可以用作降压型SCC。本章仅涉及升压型结构。

　　不同的SCC电路结构有其固有的特征。例如，有的电路结构中元件的电压应力完全相同，电路设计比较容易，而有的结构可以以较少的电容器数获得较高的升压比，还有的SCC的输出输入电压比与电路中的电容器数（层数）关系密切，因此我们需要根据用途和要求选择适宜的电路结构和层数。

　　无论哪种SCC电路，电容器的连接状态都会随着开关状态进行切换，与此同时在各个电容器之间充放电。这种电容器之间的充放电行为会因开关周期T_s和电路时间常数发生巨大变化，对SCC的特性产生极大的影响，因此必须充分理解SCC中电容器的充放电行为。7.3节将对电容器本身的充放电特性进行详细的解说。

7.3　基本电路解析

　　如前文所述，不同的SCC电路结构有其固有的特征。但无论哪一种结构，电容器都通过开关进行高频充放电，整个电路实现了升压或降压的功率变换。所以想要理解SCC的本质，就要将重点放在电容器本身的充放电行为上。下面我们分两种情况进行解说，一种是忽略时间常数，假设每次都在理想稳态下进行开关的简易模型；另一种是加入电容器的时间常数因素的详细模型。

7.3.1 简易模型

本节对图7.2中的SCC的基础电路进行简易解析。在这种基础电路中，Q_{aH}和Q_{aL}导通，输入电压源V_{in}为C充电，Q_{bH}和Q_{bL}导通，C向负载放电，输出输入电压比为1。

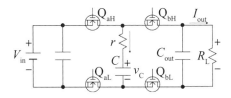

图7.2 SCC的基础电路

基础电路的工作波形和工作模式分别如图7.3和图7.4所示。SCC的开关的驱动占空比一般是50%，各个模式的长度等于开关周期T_s（$= 1/f_s$）的一半，即$T_s/2$。时间常数τ（$= C \times R$）表示电容器充放电的静电容量C乘以充电放电路径中所含的电阻成分的总和R的积，它决定了电容器充放电的响应速度。本节的简易解析中假设$T_s/2$比τ长得多（$T_s/2 >> \tau$）。$T_s/2 >> \tau$的条件下，C中有极大的浪涌电流。

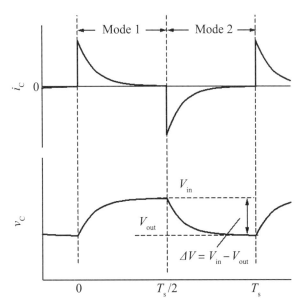

图7.3 电容器的电流和电压波形（$T_s/2 >> \tau$）

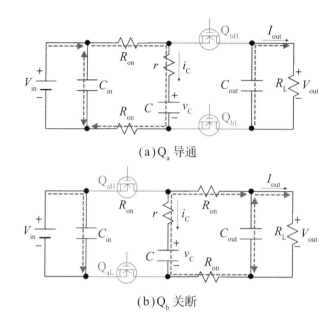

(a) Q_a 导通

(b) Q_b 关断

图7.4　SCC基础电路的工作模式

Mode 1：Q_{aH} 和 Q_{aL} 处于通态，电容器的电压 $v_c(t)$ 和电流 $i_c(t)$ 如下式所示：

$$v_c(t) = V_{in} - (V_{in} - V_{out}) e^{-\frac{t}{\tau}} \tag{7.1}$$

$$i_c(t) = \frac{V_{in} - V_{out}}{R} e^{-\frac{t}{\tau}} \tag{7.2}$$

其中，R 是电容器的充电和放电电路的电阻之和，即 $R = r + 2R_{on}$（r 是 C 的等效串联电阻，R_{on} 是开关的导通电阻）。简易解析中 $T_s/2 \gg \tau$，所以 Mode 1 末期 $v_c(t)$ 和 $i_c(t)$ 如下式所示：

$$\lim_{t \to \frac{T_s}{2}} v_c(t) = V_{in} \tag{7.3}$$

$$\lim_{t \to \frac{T_s}{2}} i_c(t) = 0 \tag{7.4}$$

Mode 2：Q_{bH} 和 Q_{bL} 导通，$v_c(t)$ 和 $i_c(t)$ 如下式所示：

$$v_c\left(t - \frac{T_s}{2}\right) = V_{out} - (V_{out} - V_{in}) e^{-\frac{t - \frac{T_s}{2}}{\tau}} \tag{7.5}$$

$$i_c\left(t - \frac{T_s}{2}\right) = \frac{-V_{in} + V_{out}}{R} e^{-\frac{t - \frac{T}{2}}{\tau}} \tag{7.6}$$

Mode 2末期的$v_c(t)$和$i_c(t)$如下式所示：

$$\lim_{t \to T} v_c\left(t - \frac{T_s}{2}\right) = V_{out} \tag{7.7}$$

$$\lim_{t \to T} i_c\left(t - \frac{T_s}{2}\right) = 0 \tag{7.8}$$

从输入电源V_{in}经过C传输给负载的电荷量Q通过v_c的变动幅度ΔV_C表示如下：

$$Q = C(V_{in} - V_{out}) = C\Delta V_C \tag{7.9}$$

所以经过C通向负载的电流I_c为：

$$I_c = \frac{Q}{T_s} = Qf_s = Cf_s(V_{in} - V_{out}) \tag{7.10}$$

将式（7.10）变形后得到

$$V_{in} - V_{out} = \frac{I_c}{Cf_s} = I_c R_{eq} \tag{7.11}$$

其中，R_{eq}是SCC的等效电阻：

$$R_{eq} = \frac{1}{Cf_s} \tag{7.12}$$

　　从式（7.11）可以导出图7.5的等效电路[1]。输入电源V_{in}和负载电阻通过R_{eq}和理想变压器相连。理想变压器的匝数比相当于SCC电路结构固定的输出输入电压比，在图7.2的基础电路中为1：1。

　　通向负载的电流会经过R_{eq}，所以R_{eq}上会产生相应的电压降。根据式（7.12），R_{eq}与f_s成反比，因此可以通过PFM控制来调节R_{eq}的值，从而在一定程度上控制输出电压V_{out}。但是R_{eq}的值越大，损耗越大，所以PFM控制的V_{out}调节不适合大输出功率用途。

　　为了实现高效功率变换，根据式（7.12），我们需要提高Cf_s的值，从而降低R_{eq}的值。R_{eq}的值降低后（即R_{eq}的电压降减小），SCC必然依照电路结构决定的固定输出输入电压比（即理想变压器的匝数比）工作，这是因为SCC通常遵循固定输出输入电压比工作。从图7.5中可知，R_{eq}的电压降使得V_{out}值略低于固定电压比。

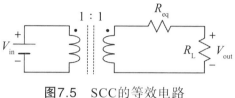

图7.5 SCC的等效电路

7.3.2 详细模型

上一节中我们假设$T_s/2$比τ长很多，即$T_s/2 >> \tau$，从而简化解析内容，本节将推导出包含τ的影响在内的SCC等效电阻的详细模型。

$T_s/2 \approx \tau$时，$v_c(t)$和$i_c(t)$的波形如图7.6所示，工作模式与图7.4相同。

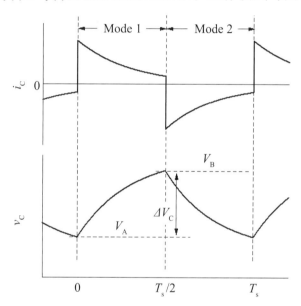

图7.6 电容器的电流和电压波形（$T_s/2 \approx \tau$）

Mode 1和Mode 2中的$v_c(t)$如下式所示：

$$v_c(t) = \begin{cases} V_{in} - (V_{in} - V_A)e^{-\frac{t}{\tau}} & (\text{Mode 1}) \\ V_{out} - (V_{out} - V_B)e^{-\frac{t-\frac{T_s}{2}}{\tau}} & (\text{Mode 2}) \end{cases} \quad (7.13)$$

其中，V_A和V_B分别是Mode 1和Mode 2中v_c的初始电压值。通过式（7.13）可以计算出C的电压变动ΔV_C：

$$\Delta V_c = V_B - V_A = \frac{1 - e^{-\frac{1}{2\tau f_s}}}{1 + e^{-\frac{1}{2\tau f_s}}}(V_{in} - V_{out}) \quad (7.14)$$

根据式（7.14）计算出的 ΔV_C，可以计算出经过 C 流向负载的电流 I_c：

$$I_c = \frac{C\Delta V_c}{T_s} = Cf_s \frac{1 - e^{-\frac{1}{2\tau f_s}}}{1 + e^{-\frac{1}{2\tau f_s}}}(V_{in} - V_{out}) \tag{7.15}$$

将式（7.15）变形可以导出等效电阻 R_{eq}[2]：

$$R_{eq} = \frac{V_{in} - V_{out}}{I_c} = \frac{1}{Cf_s}\frac{1 + e^{-\frac{1}{2\tau f_s}}}{1 - e^{-\frac{1}{2\tau f_s}}} \tag{7.16}$$

R_{eq} 与频率的关系如图7.7所示。R_{eq} 的特性以拐点频率 $f_{cnr} = 1/\tau$ 为界，分为低频区SSL（slow switching limit）和高频区FSL（fast switching limit））[3, 4]。SSL区域中 R_{eq} 与 f_s 成反比，约等于 $1/Cf_s$。SSL在开关时会产生极大的浪涌电流。这些特征与上一节中的简易模型相同，也就是说，SSL区域可以用简易模型表示。而在FSL区域，R_{eq} 随着 f_s 的上升逐渐接近 $4R$，不受静电容量 C 影响。另外，FSL中的电流波形为方形波。

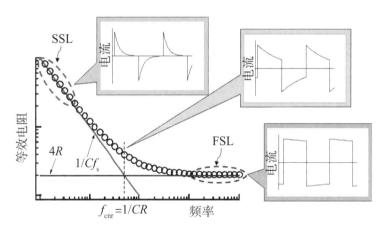

图7.7 等效电阻 R_{eq} 与频率的关系

如上一节所述，只有降低 R_{eq} 值才能实现高效功率变换，所以FSL区域的工作更有价值。但是根据图7.7的特性，比 f_{cnr} 频率更高的FSL区域中，无论怎样提高频率，R_{eq} 也不会大幅度降低。无谓地提高频率会导致栅极驱动损耗 P_{drive} 和 C_{oss} 充放电引起的损耗 PC_{oss} 增大（参考4.3节），以及功率转换效率降低。因此 f_{cnr} 成为高效率工作时工作频率的标准。在通过PFM控制来调节 R_{eq} 值和输出电压 V_{out} 时，需要使 R_{eq} 在受频率影响的SSL区域工作。

7.4　SCC电路解析

本节讲解图7.1中的各种SCC电路工作。虽然它们的电路结构不同，但是无论哪种结构，都会通过开关切换电容器的连接状态，从而对电容器充放电。这个过程中电流和电压的瞬时变化与7.3节相同。

7.4.1　梯形SCC

1. 特　征

构成图7.1(a)的梯形SCC的所有电容器的电压在理想状态下均相等。又因各个电容器中开关Q_A和Q_B并联，所以开关的电压应力等于电容器电压。组成梯形SCC的所有电容器和开关的电压应力均相等，所以较易选择元件。但是与下一节之后的串联/并联方式和斐波那契方式相比，相同数量电容器的升压比（或降压比）更小，所以用于高升压比（或降压比）的场合时需要更多电容器。例如，图7.1(a)的三层结构需要五个电容器，升压比为3.0。n层结构需要$2n-1$个电容器，升压比为n。

图7.1(a)的电路结构中输入电源连接C_1，其他电容器的节点也可以连接电源。例如，图7.8的结构中，C_2和C_3的连接点连接了输入电源，这种结构下电路中所有的电容器的电压均相等。也就是说，电压V_{in}被C_1和C_2平均分成两份，电路中所有电容器电压都为$V_{in}/2$。V_{out}是$3V_{in}/2$，所以升压比为1.5。因此可以根据梯形SCC中输入和输出端子的连接位置调节升压比（或降压比）。

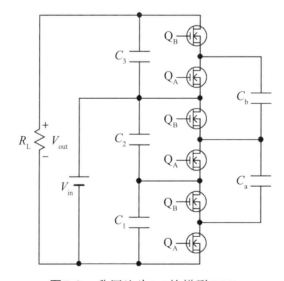

图7.8　升压比为1.5的梯形SCC

2. 工作概要

图7.1(a)中的三层结构梯形SCC的工作模式如图7.9所示，此电路中C_1始终连接输入电源V_{in}，负载电阻R_L与三个串联电容器$C_1 \sim C_3$并联。

Mode A：Q_A导通，C_1和C_a、C_2和C_b分别并联。这时并联的电容器之间开始充放电，充放电电流的特性取决于时间常数，即电容器的串联合成电容与电流环总电阻的乘积。也就是说，7.3.1节和7.3.2节中C和R的值相当于合成电容和总电阻。并联的电容器电压大致相等。

Mode B：Q_B导通，C_2和C_a、C_3和C_b分别并联。也就是说，电容器的并联组合形式不同于Mode A。与Mode A相同的是，Mode B的电容器充放电电流的响应特征与合成电容和总电阻的时间常数有关。

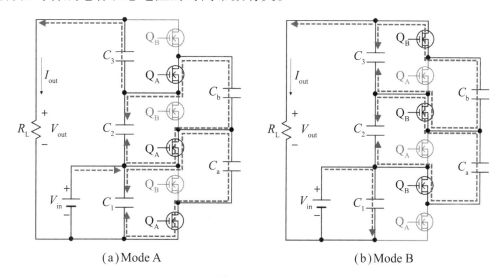

（a）Mode A   （b）Mode B

图7.9 梯形SCC的工作模式

在高频下切换Mode A和Mode B，则组成梯形SCC的所有电容器等效并联。C_1始终与输入电源并联，电压为V_{in}。理想状态下，所有电容器的电压与V_{in}相等，所以输出电压V_{out}约为$3V_{in}$。但是实际电路中的电阻成分引起的电压降或电容器电压不均使得V_{out}略小于$3V_{in}$。

将梯形SCC代入图7.5的等效电路中，理想变压器的匝数比为1∶3，R_{eq}相当于组成梯形SCC的所有电容器的R_{eq}之和[1]。无负载时，$V_{out} = 3V_{in}$，而重负载时，随着输出电流的增加，R_{eq}的电压降变大，V_{out}小于$3V_{in}$，功率转换效率也会降低。

3. 电荷移动解析

梯形SCC的电容器中的电流并非完全相同，不同位置的电流强度不同。我们可以通过电荷移动解析求出工作时各个电容器中的电流[1,5]。电荷移动解析中，各种模式下电容器中通过的电荷量定义如图7.10所示。稳态下各个电容器的充电电荷量和放电电荷量必然相等。也就是说，如果Mode A中某个电容器中流入的电荷量是q，则Mode B中流出的电荷量也是q。因此，如图7.10所示，Mode A和Mode B中各个电容器中的电荷移动方向相反。

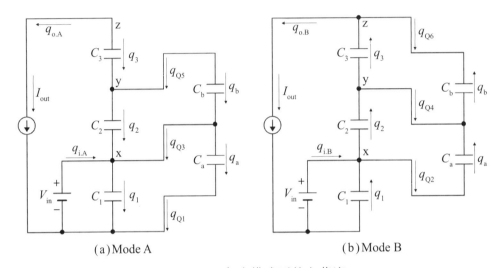

(a) Mode A   (b) Mode B

图7.10　各个模式下的电荷流

图7.10(a)的Mode A中，节点x～z根据基尔霍夫定律可以推导出下式：

$$\begin{cases} 0 = -q_1 + q_2 - q_a + q_b + q_{i.A} \\ 0 = -q_2 + q_3 - q_b \\ 0 = -q_3 - q_{o.A} \end{cases} \tag{7.17}$$

其中，$q_{i.A}$是Mode A中输入电源供给的电荷量，$q_{o.A}$是离开负载的移动电荷量。

同样，图7.10(b)中节点x～z根据基尔霍夫定律可以推导出

$$\begin{cases} 0 = +q_1 - q_2 - q_a + q_{i.B} \\ 0 = +q_2 - q_3 + q_a - q_b \\ 0 = +q_3 + q_b - q_{o.B} \end{cases} \tag{7.18}$$

其中，$q_{i.B}$和$q_{o.B}$分别是Mode B中输入电源的供给电荷量和向负载移动的电荷量。

C_1始终与电压源V_{in}并联，可以假设没有电压变动，也就是说$dV_{C1}/dt=0$，不发生电荷移动，即

$$0 = q_1 \tag{7.19}$$

假设负载中有稳定电流（视作稳定电流负载），由于Mode A和Mode B中向负载移动的电荷量相等，所以下式成立：

$$0 - q_{o.A} - q_{o.B} \tag{7.20}$$

为便于理解，我们假设一个开关周期中供给负载的电荷量为1，则

$$1 = q_{o.A} + q_{o.B} \tag{7.21}$$

可以将上面推导出的公式归纳在下列矩阵中：

$$
\begin{bmatrix} 0 \\ 0 \\ 0 \\ 0 \\ 0 \\ 0 \\ 0 \\ 0 \\ 1 \end{bmatrix}
=
\begin{bmatrix}
-1 & 1 & 0 & -1 & 1 & 1 & 0 & 0 & 0 \\
0 & -1 & 1 & 0 & -1 & 0 & 0 & 0 & 0 \\
0 & 0 & -1 & 0 & 0 & 0 & 0 & -1 & 0 \\
1 & -1 & 0 & -1 & 0 & 0 & 1 & 0 & 0 \\
0 & 1 & -1 & 1 & -1 & 0 & 0 & 0 & 0 \\
0 & 0 & 1 & 0 & 1 & 0 & 0 & 0 & -1 \\
1 & 0 & 0 & 0 & 0 & 0 & 0 & 0 & 0 \\
0 & 0 & 0 & 0 & 0 & 0 & 0 & 1 & -1 \\
0 & 0 & 0 & 0 & 0 & 0 & 0 & 1 & 1
\end{bmatrix}
\begin{bmatrix} q \\ q \\ q \\ q \\ q \\ q_{i.A} \\ q_{i.B} \\ q_{o.A} \\ q_{o.B} \end{bmatrix}
\tag{7.22}
$$

通过上式的计算能够求出每个电容器的电荷移动量。计算具体数值得出$[q_1, q_2, q_3, q_a, q_b, q_{i.A}, q_{i.B}, q_{o.A}, q_{o.B}]^T = [0, -1.5, -0.5, 2, 1, 2.5, 0.5, 0.5, 0.5]^T$，可知每个电容器的电荷移动量不同。

为求出上述各个电容器的电荷移动量的比，我们通过式（7.21）定义了向负载供给的电荷量（$1 = q_{o.A} + q_{o.B}$），实际情况如下式所示：

$$I_{out} = (q_{o.A} + q_{o.B})f_s \tag{7.23}$$

将上述关系代入式（7.22），可以计算出各个电容器的充放电电荷量。

7.4.2 串联/并联SCC

1. 特 征

如图7.1(b)所示，串联/并联的所有电容器在Mode A中通过输入电压V_{in}充电，所以电压应力均为V_{in}。但是开关的电压应力因位置而不同。例如，$C_1 \sim C_3$左侧的Q_B在Mode A中电压应力为V_{in}，但右侧的Q_B的电压应力为$V_{out} - V_{in}$，与其他Q_B相比，需要使用高耐压开关。此外，对于Q_A，由于电压应力因位置而不同，所以需要考虑到每个元件的电压应力。

图7.1(b)中的三层结构的升压比为4，电容器数量是3个。n层结构中有n个

电容器，升压比是$n+1$，数量相同的电容器可以得到比上述梯形SCC更高的升压比。

2. 工作概要

图7.1(b)中的串联/并联SCC是由多个单位电路连接组成的，每个电位电路中包含一个电容器和三个开关（两个Q_A和一个Q_B）。所有单位电路的工作时间同步，Q_A导通时所有电容器并联，Q_B导通时电容器变为串联。

图7.1(b)中的三层结构串联/并联SCC的工作模式如图7.11所示。Q_A导通的Mode A下，电容器$C_1 \sim C_3$与输入电源并联，通过电压V_{in}充电，所以各个电容器的电压$V_{C1} \sim V_{C3}$为

$$V_{C1} = V_{C2} = V_{C3} = V_{in} \tag{7.24}$$

Q_B导通的Mode B下，V_{in}和$C_1 \sim C_3$串联，它们的电压和施加在负载与输出电容器C_{out}上：

$$V_{out} = V_{C1} + V_{C2} + V_{C3} + V_{in} = 4V_{in} \tag{7.25}$$

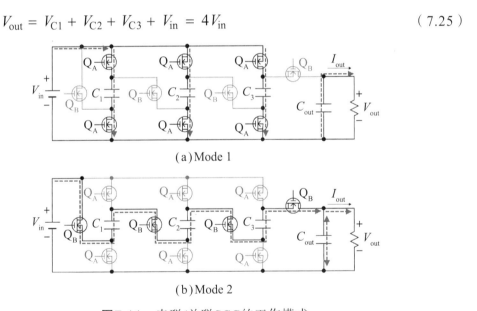

（a）Mode 1

（b）Mode 2

图7.11　串联/并联SCC的工作模式

理想的输出电压为$V_{out} = 4V_{in}$，但是与7.4.1节的梯形SCC相同，实际上等效电阻的电压降使得V_{out}略低于$4V_{in}$。

与梯形SCC相同，串联/并联SCC的电容器的电荷移动量可以根据电荷移动解析来计算。但是从图7.11的工作模式可知，不通过电荷移动解析也可以相对简单地计算出各个电容器的电荷移动量。$C_1 \sim C_3$在Mode B下串联放电，所以它们

的充放电电荷量相等。设$C_1 \sim C_3$在Mode B下供给负载和C_{out}的电荷量为q，则负载电流为

$$I_{out} = q/T_s$$

7.4.3 斐波那契SCC

1. 特　征

与其他形式的SCC相比，数量相同的电容器可以得到更高的升压比（或降压比）。但是电容器和开关的电压应力不同，元件的选择更加复杂。C_1的电压为V_{in}，C_2的电压为$2V_{in}$，C_3的电压为$3V_{in}$，电压按此规律增加，需要分别考虑和选择每一个电容器，开关也是如此。

图7.1(c)的三层结构中，升压比为5。将电路扩展到四层或五层时，升压比以8、13的规律上升，可以用斐波那契数列表示。与其他形式的SCC相比，斐波那契SCC中数量相同的电容器可以得到更高的升压比，因此适合高输出输入电压比的用途。

2. 工作概要

图7.1(c)中的斐波那契SCC是由多个单位电路连接组成的，每个电位电路中包含一个电容器和三个开关。但相邻单位电路的工作时间相反。例如，含有C_1或C_3的单位电路由两个Q_A和一个Q_B组成，而含有C_2的单位电路中有一个Q_A和两个Q_B。通过这些电路结构，各个电容器上的电压与层数都以斐波那契数列增加，与其他结构相比较，数量相同的电容器可以得到更高的升压比。

图7.1(c)中斐波那契SCC的工作模式如图7.12所示。Q_A导通的Mode A下，C_1通过V_{in}充电。C_2则与V_{in}串联，为C_3充电。Mode A下各个电容器的电压计算如下：

$$\begin{cases} V_{C1} = V_{in} \\ V_{C3} = V_{C1} + V_{C2} \end{cases} \tag{7.26}$$

Mode B下V_{in}和C_1串联为C_2充电。输出电压V_{out}相当于C_2和C_3的和，所以

$$\begin{cases} V_{C2} = V_{in} + V_{C1} = 2V_{in} \\ V_{out} = V_{C2} + V_{C3} = 5V_{in} \end{cases} \tag{7.27}$$

根据上面两个公式，电容器以V_{in}、$2V_{in}$、$3V_{in}$、$5V_{in}$的规律，与层数一起以斐波那契数列上升。在三层结构的例子中，$V_{out} = 5V_{in}$，扩展到四层或五层时，

$V_{out} = 8V_{in}$，$V_{out} = 13V_{in}$。上述 V_{out} 都是理想工作时的电压，斐波那契SCC也与其他结构一样，实际上等效电阻的电压降使得 V_{out} 略低于理想电压值。

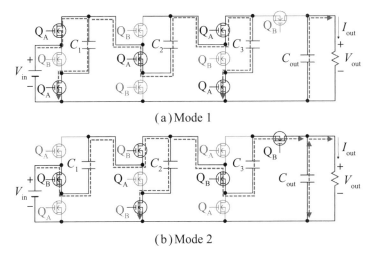

(a) Mode 1

(b) Mode 2

图7.12　斐波那契SCC的工作模式

参考文献

［1］M.D.Seeman, S.R.Sanders. Analysis and optimization of switchedcapacitor dc-dc converters. IEEE Trans. Power Electron, 2008, 23(2): 841-851.

［2］G.V.Piqué, H.J.Bergveld, E.Alarcón. Survey and benchmark of fully integrated switching power converters: switched-capacitor versus inductive approach. IEEE Trans. Power Electron, 2013, 28(9): 4156-4167.

［3］M.Evzelman, S.B.Yaakov. Average-current-based conduction losses model of switched capacitor converters. IEEE Trans. Power Electron, 2013, 28(7): 3341-335.

［4］M.D.Seeman, S.R.Sanders. Analysis and optimization of switchedcapacitor dc-dc converters. IEEE Trans. Power Electron, 2008, 23(2): 841-851.

［5］B.Oraw, R.Ayyanar. Load adaptive, high efficiency, switched capacitor intermediate bus converter. in Proc. IEEE Int. Telecommun. Energy Conf, INTELEC' 07, 2007, 1872-187.

第8章
开关电容变换器的
应用电路

开关电容变换器（SCC）的主电路只有电容器和开关两个组成部分，我们在第7章讲解了它的电路结构示例和工作原理。但是SCC的输出输入电压比通常是固定不变的，其大小取决于电路结构和层数，如果数值发生变化则会使功率转换效率显著下降。而且开关时电路中会产生巨大的浪涌电流，容易引发噪声问题。为了解决上述课题，本章将讲解混合SCC、移相SCC、谐振SCC的应用知识。

8.1 混合SCC

8.1.1 电路结构和特征

混合SCC相当于第2章中的斩波电路和SCC的组合电路。举个例子，图8.1(a)中的混合SCC由双层降压型梯形SCC和降压斩波电路组成。梯形SCC内与C_1并联的开关Q_A和Q_B的节点连接电感L，组成降压斩波电路。从降压斩波角度来看，C_1相当于输入电压源。可以将图8.1(a)的混合SCC看作SCC和降压斩波电路共享Q_A和Q_B的电路结构。

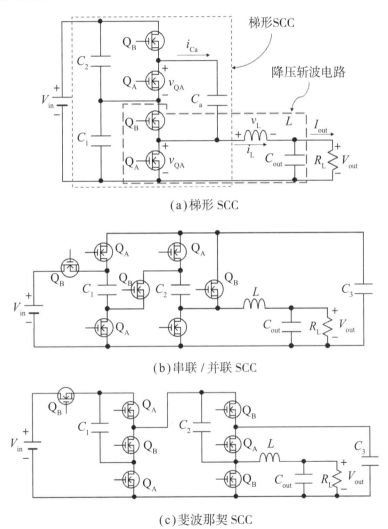

(a) 梯形 SCC

(b) 串联 / 并联 SCC

(c) 斐波那契 SCC

图8.1 混合SCC的电路结构图例

混合SCC可以利用降压斩波部分对输出电压V_{out}进行PWM控制。也就是说，

Q_A和Q_B被互补驱动，控制占空比。这种情况下SCC部分的占空比也会发生变化，但即使占空比不是50%，在理想条件下SCC内所有电容器（C_1，C_2，C_a）的电压均相同。输入电压V_{in}被C_1和C_2一分为二，降压斩波部分作为输入电压为$V_{in}/2$的斩波而工作。

要想在混合SCC中实现输出电压的PWM控制就必须增加磁性元件L。如5.3节所述，电感是能量密度低于电容器的大型元件。但是与通用斩波电路相比，混合SCC的中电容器会分走一部分输入电压（图8.1(a)中为$V_{in}/2$），使L的电压降低。因此L上的电能减小，有助于L的小型化。开关和电容器的数量比通用降压斩波电路多，但由于电容器的能量密度比电感大至100~1000倍[1,2]，所以电路整体能够通过混合SCC实现小型化。

本章仅对以梯形SCC为基础的混合SCC进行工作解析，当然也可以以其他SCC为基础。例如，图8.1(b)和(c)所示的在第7章中介绍的串联/并联SCC和斐波那契SCC中增加电感L组成的混合电路结构。二者都是双层结构（C_1和C_2）的降压型混合SCC。图8.1的每个电路中，Q_A和Q_B的开关节点都连接L，实现SCC的混合化。用开关节点形成的矩形波电压来驱动L，PWM控制能够调整矩形波电压的脉冲幅度，可以利用它调整输出电压。

8.1.2　混合梯形SCC的工作

在图8.1的各种混合SCC中，本节选取混合梯形SCC进行工作解析。工作波形和工作模式分别如图8.2和图8.3所示。与普通SCC相同，Q_A导通时进入Mode A，Q_B导通时进入Mode B，二者交替工作。为便于理解，本节先从Mode B的工作开始讲解。

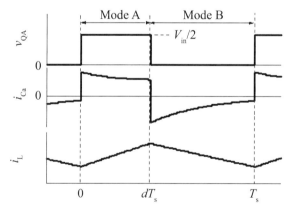

图8.2　混合梯形SCC的工作波形

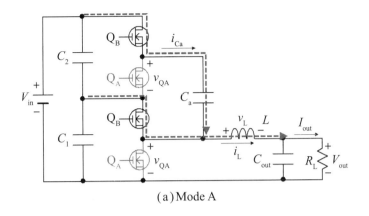

(a) Mode A

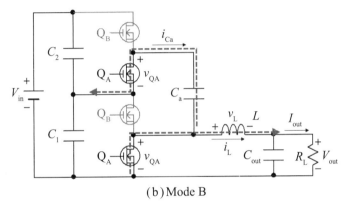

(b) Mode B

图8.3 混合SCC的工作模式

Mode B：高边开关Q_B导通。C_2和C_a通过Q_B并联，C_a被充电。这时各个电容器中的充放电电流波形特征取决于时间常数τ（$= CR$）和开关周期T_s（$= 1/f_s$）的关系（参考7.3.2节），时间常数用电容器的合成电容C和电路总电阻R的积表示。SCC工作时C_1和C_2将V_{in}分压，Q_A的电压v_{QA}是$V_{in}/2$，所以L的电压v_L计算如下：

$$v_L = \frac{V_{in}}{2} - V_{out} \tag{8.1}$$

Mode A：低边开关Q_A导通，C_1和C_a并联，C_a放电。v_{QA}是0，所以v_L为

$$v_L = -V_{out} \tag{8.2}$$

Mode B的占空比为d。稳态下L的电压和时间的乘积为0，根据式（8.1）和式（8.2）可以推导出

$$d\left(\frac{V_{in}}{2} - V_{out}\right) - (1 - d)V_{out} = 0 \tag{8.3}$$

整理式（8.3），可以计算出混合梯形SCC的输出输入电压比：

$$\frac{V_{\text{out}}}{V_{\text{in}}} = \frac{d}{2} \tag{8.4}$$

混合梯形SCC的输出输入电压比是第2章中的降压斩波的1/2。这是因为SCC部分的C_1和C_2各分压$V_{\text{in}}/2$，降压斩波部分工作时将C_1的电压（即$V_{\text{in}}/2$）作为输入电压。因此三层结构的梯形SCC混合化后输出输入电压比为$d/3$，总结规律为：n层结构的输出输入电压比是d/n。综上所述，混合SCC的输出输入电压比不光取决于d，同时还取决于SCC的层数，在设计中引入n这个变量，有助于设计出输出输入电压比大于（或小于）通用斩波电路的电路。

8.1.3　电荷移动解析

与上一章中的梯形SCC相同，混合SCC的电容器中电流不完全相同，不同位置的电流应力不同。我们同样也可以根据电荷移动解析求出混合SCC中各个电容器中的电流[2~4]。与梯形SCC不同的是，混合SCC中有电感L，但如图8.2所示，L中为直流电流，L中有电流纹波，但由于Mode A和Mode B中的平均电流相等，在电荷移动解析中可以将L视作稳定电流源。

图8.4(a)的Mode A中，根据基尔霍夫定律，节点x和y可以得出下列公式：

$$\begin{cases} 0 = -q_1 + q_2 - q_a \\ 0 = -q_2 + q_{\text{i.A}} \end{cases} \tag{8.5}$$

其中，$q_{\text{i.A}}$是Mode A下输入电源供给的电荷量。由于Mode A下L的电荷量$q_{\text{L.A}}$等于输出电荷量$q_{\text{o.A}}$，所以

$$0 = q_{\text{L.A}} - q_{\text{o.A}} \tag{8.6}$$

同样，图8.4(b)的Mode B下，节点x和y根据基尔霍夫定律，可得

$$\begin{cases} 0 = q_1 - q_2 - q_a - q_{\text{L.B}} \\ 0 = q_2 + q_a + q_{\text{i.B}} \end{cases} \tag{8.7}$$

$q_{\text{i.B}}$和$q_{\text{L.B}}$分别是Mode B下输入电源的供给电荷量以及电感的电荷量。$q_{\text{L.B}}$等于输出电荷量$q_{\text{o.B}}$，所以

$$0 = q_{\text{L.B}} - q_{\text{o.B}} \tag{8.8}$$

串联的C_1和C_2始终与电压源V_{in}并联，可以假设串联合成电容没有电压变动。因为$\mathrm{d}V_C/\mathrm{d}t = 0$，所以

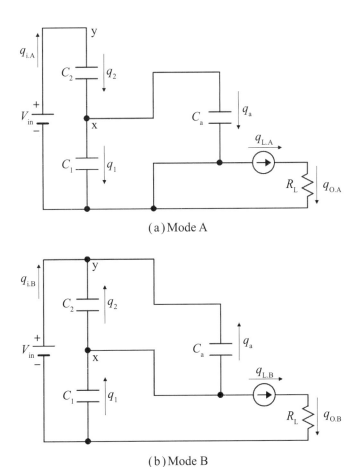

(a) Mode A

(b) Mode B

图8.4 混合SCC的各种模式下的电荷流

$$0 = q_1 + q_2 \qquad (8.9)$$

L是平均电流为I_L的电流源，$q_{L.A}$和$q_{L.B}$与各个模式的长度成正比，所以

$$0 = dq_{L.A} - (1 - d)q_{L.B} \qquad (8.10)$$

为便于理解，我们设一个开关周期内供给负载的电荷量为1，则

$$1 = q_{o.A} + q_{o.B} \qquad (8.11)$$

我们将上面推导出的公式归纳在下列矩阵中：

$$
\begin{bmatrix} 0 \\ 0 \\ 0 \\ 0 \\ 0 \\ 0 \\ 0 \\ 0 \\ 1 \end{bmatrix}
=
\begin{bmatrix}
-1 & 1 & -1 & 0 & 0 & 0 & 0 & 0 & 0 \\
0 & -1 & 0 & 0 & 0 & 1 & 0 & 0 & 0 \\
0 & 0 & 0 & 1 & 0 & 0 & 0 & -1 & 0 \\
1 & -1 & -1 & 0 & -1 & 0 & 0 & 0 & 0 \\
0 & 1 & 1 & 0 & 0 & 0 & 1 & 0 & 0 \\
0 & 0 & 0 & 0 & 1 & 0 & 0 & 0 & -1 \\
1 & 1 & 0 & 0 & 0 & 0 & 0 & 0 & 0 \\
0 & 0 & 0 & d & d-1 & 0 & 0 & 0 & 0 \\
0 & 0 & 0 & 0 & 0 & 0 & 0 & 1 & 1
\end{bmatrix}
\begin{bmatrix} q_1 \\ q_2 \\ q_a \\ q_{L.A} \\ q_{L.B} \\ q_{i.A} \\ q_{i.B} \\ q_{o.A} \\ q_{o.B} \end{bmatrix}
\qquad (8.12)
$$

通过上式的计算能够分别求出每个电容器的电荷移动量。

我们在式（8.11）中简单定义了向负载供给的电荷量（1 = $q_{o.A}$＋$q_{o.B}$），以计算上述各个电容器的电荷移动量的比，而实际情况如下式所示：

$$I_{out} = (q_{o.A} + q_{o.B})f_s \tag{8.13}$$

将上述关系代入式（8.12），可以计算出各个电容器的充放电电荷量。

根据由式（8.12）计算出来的电荷量q_i以及各个模式的长度可以推导出Mode A和Mode B下电容器C_i中的平均电流I_{Ci}：

$$I_{Ci} = \begin{cases} \dfrac{q_i}{(1-d)T_s} = \dfrac{q_if_s}{(1-d)} & \text{(Mode A)} \\[4mm] \dfrac{q_i}{dT_s} = \dfrac{q_if_s}{d} & \text{(Mode B)} \end{cases} \tag{8.14}$$

需要注意的是，上述数值是各个模式下的平均电流，不同于峰值电流。如7.3节所述，峰值电流与τ和T_s的关系密切，SSL区域中电容器中有很大的浪涌电流，因此峰值电流很高，而FSL区域中电容器的电流呈矩形波状，峰值电流相对较低。

8.1.4　电感体积

无源元件的大小与储存电量成正比。开关使得无源元件充放电，稳态下每个周期的充电电量和放电电量保持平衡。

一般情况下，每个开关周期电感充电和放电的能量E_{sw}用电感上的电压v_L和电流i_L的积表示：

$$E_{sw} = \int_0^{dT_s} |v_L i_L|\mathrm{d}t = \int_{dT_s}^{T_s} |v_L i_L|\mathrm{d}t \tag{8.15}$$

充放电电量E_{sw}相当于电感电流波形的纹波电流，因此电感的储存能量E_L通过纹波率α（通用斩波电路中约为30%）定义如下：

$$E_L = \frac{E_{sw}}{\alpha} \tag{8.16}$$

用一个周期内变换器向负载传输的能量E_{out}将E_L归一化，可以用下式中的指标S定量比较不同电路的电感体积：

$$S = \frac{E_{L}}{E_{out}} = \frac{E_{L}}{V_{out}\, I_{out}\, T_{s}} \tag{8.17}$$

混合SCC的v_L可以通过式（8.1）和式（8.2）求出，根据图8.3，i_L的平均值I_L等于输出电流I_{out}。所以混合SCC的E_{sw}为

$$E_{sw} = \begin{cases} \left(\dfrac{V_{in}}{2} - V_{out}\right) I_{out}\, dT_s & \text{(Mode B)} \\ V_{out}\, I_{out}\, (1-d)T_s & \text{(Mode A)} \end{cases} \tag{8.18}$$

将上式和式（8.16）代入式（8.17），可以计算出混合SCC的S:

$$S = \frac{1-d}{\alpha} \tag{8.19}$$

图8.5展示了$\alpha = 0.3$时混合SCC和降压斩波中电感体积指标S和输出输入电压比的关系。根据式（8.4），混合SCC的输出输入电压比的范围为$0\sim0.5$，小于降压斩波范围。而在输出输入电压比小于0.5的区域中，输出输入电压比相同时，混合SCC的S值是通用降压斩波的一半。这说明理论上电感体积可以减小一半。

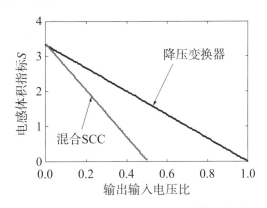

图8.5 混合SCC与降压斩波的电容体积指标S的比较

8.1.5 混合梯形SCC的扩展电路

我们在前面讲解了降压型双层混合梯形SCC的工作情况，如果改变层数和电感的连接点，也可以改变输出输入电压比。

例如，图8.6(a)中是三层降压型混合SCC。图8.6(a)采用了三层SCC，并且将C_a和C_b的节点（与C_2并联的Q_A和Q_B的开关节点X）与L相连。三层梯形SCC将输入电压V_{in}分压为1/3，各个电容器的电压为$V_{in}/3$。Q_A导通的Mode A下，节点X的电位为$V_{in}/3$，Q_B导通的Mode B中为$2V_{in}/3$。所以各个模式下L的电压v_L如下式所示：

$$v_{\mathrm{L}} = \begin{cases} \dfrac{1}{3}V_{\mathrm{in}} - V_{\mathrm{out}} & \text{(Mode A)} \\[2mm] \dfrac{2}{3}V_{\mathrm{in}} - V_{\mathrm{out}} & \text{(Mode B)} \end{cases} \qquad (8.20)$$

稳态下 L 的电压和时间的乘积为 0，所以从上式可以推导出下式的输出输入电压比：

$$\frac{V_{\mathrm{out}}}{V_{\mathrm{in}}} = \frac{1+d}{3} \qquad (8.21)$$

上式分母中的 3 表明 $C_1 \sim C_3$ 将 V_{in} 分压为 $1/3$。无论 d 值如何变化，输出输入电压比不会小于 $1/3$ 或大于 $2/3$。这是因为节点 X 上的电压交替为 C_1 的电压 $V_{\mathrm{in}}/3$ 与 $C_1 \sim C_2$ 的电压和 $2V_{\mathrm{in}}/3$。也就是说，无论怎样调节 d，L 左端子的平均电压值只能在 $V_{\mathrm{in}}/3$ 到 $2V_{\mathrm{in}}/3$ 之间变化。

再举一个例子，图 8.6(b) 中是三层升压型的混合 SCC。这种电路中，输出电压 V_{out} 等效于梯形 SCC 的 $1/3$。电感 L 与输出电源 V_{in} 和节点 Y 相连。构成节点 Y 的 Q_A 和 Q_B 以及 L 和 C_1 组成升压斩波。通常升压斩波的输出输入电压比为 $1/(1-d)$（d 是 Q_A 的占空比），所以图 8.6(b) 的三层升压型混合 SCC 的输出输入电压比为

$$\frac{V_{\mathrm{out}}}{V_{\mathrm{in}}} = \frac{3}{1-d} \qquad (8.22)$$

这意味着通用升压斩波的输出电压通过 SCC 提升了三倍。

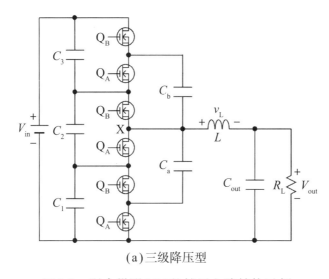

(a) 三级降压型

图8.6　混合梯形 SCC 的扩展电路结构示例

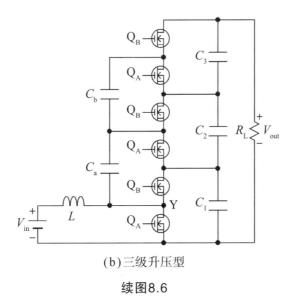

(b)三级升压型

续图8.6

本节讲解了三层梯形SCC的混合结构，除此之外也可以以8.1(b)和(c)中其他结构的SCC为基础组成扩展电路。通过占空比d可以调节混合SCC的输出输入电压比，甚至可以根据层数进行调节。

8.2 移相SCC

8.2.1 电路结构和特征

移相SCC通过在SCC中增加移相控制电感来实现输出电压的移相控制，还可以防止开关时产生的浪涌电流[5]。在双层降压型梯形SCC和串联/并联SCC中增加移相控制电感L后组成的移相SCC如图8.7所示，它等效于在常见的SCC的C_a中串联插入L的电路（省略梯形SCC中Q_3和Q_4组成的腿及并联电容器）。与普通SCC和混合SCC相同，其他类型的SCC和多层结构的SCC也可以采用移相控制。下面我们主要解说双层结构的移相梯形SCC（图8.7(a)）。

50%的占空比互补驱动开关Q_1和Q_2，Q_3和Q_4。以Q_1-Q_2和Q_3-Q_4的相位差为ϕ进行驱动来控制输出功率。如此一来就可以调节输出电压V_{out}高于或低于$V_{in}/2$。为了与C_a串联插入L，L会限制开关时的电流变化，因此不会产生浪涌电流。与混合SCC的L不同的是，移相SCC中L的直流电流成分为0（因为与C_a串联），L中会出现较大的交流电流成分。所以为了在移相SCC中实现高效率功率转换，建议在高频区使用电阻成分较小的电感（抑制趋肤效应和邻近效应）。

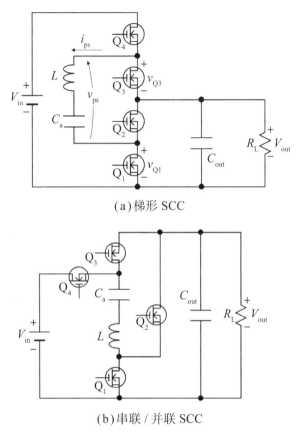

（a）梯形 SCC

（b）串联 / 并联 SCC

图8.7　移相SCC的电路结构图例

相移SCC中需要增加L。与混合SCC相同，功率转换时电容器负责主要的电量储存和释放工作，无需太大电感。与普通斩波电路相比，这样更有助于实现电路整体的小型化。

与采用移相控制的DAB变换器（3.7节）相同，设置适宜的死区时间，通过L使MOSFET的输出电容C_{oss}和缓冲电容器充放电，可以实现所有开关的ZVS工作并降低开关损耗。

8.2.2　工作模式

图8.7(a)中的移相梯形SCC的工作波形和工作模式分别如图8.8和图8.9所示。为了防止L和C_a发生谐振，需要选择静电容量足够大的C_a，假设电压值固定不变。v_{gs2}和v_{gs4}分别是Q_2和Q_4的驱动信号，二者的相位差定义为ϕ（°）。移相占空比ϕ_d定义如下式：

$$\phi_d = \frac{\phi}{360} \tag{8.23}$$

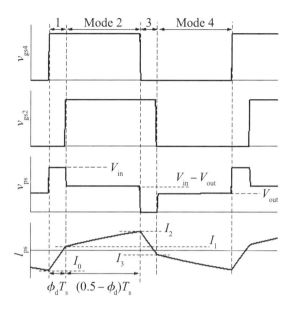

图8.8　移相梯形SCC的工作波形

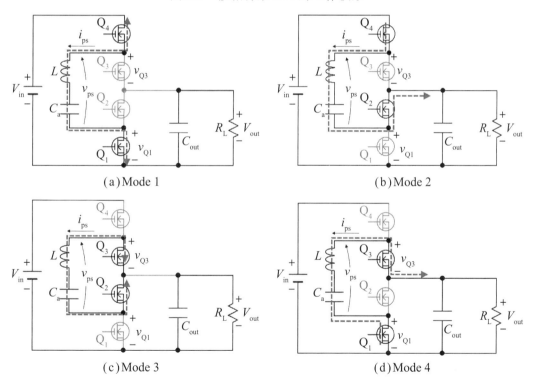

图8.9　移相梯形SCC的工作模式

为便于理解，本节忽略死区时间的工作过程。实际情况下，在移相SCC中设置适宜的死区时间，在死区时间内通过i_{ps}完成MOSFET的输出电容C_{oss}和缓冲电容器的充放电，就能够实现与3.7节中DAB变换器相同的ZVS工作。

在解说各种工作模式之前，让我们来思考一下 C_a 的平均电压。所有开关的占空比都是 50%，所以 Q_1-Q_2 的开关节点的平均电位是 $V_{out}/2$，Q_3-Q_4 的开关节点的平均电位是 $(V_{in}+V_{out})/2$。因此 C_a 的电压 V_{Ca} 是

$$V_{Ca} = \frac{V_{in} + V_{out}}{2} - \frac{V_{out}}{2} = \frac{V_{in}}{2} \qquad (8.24)$$

Mode 1： Q_1 和 Q_4 为导通状态，L 和 C_a 的串联电路电压为 V_{in}（即 $v_{ps} = V_{in}$），此模式下 i_{ps} 为

$$i_{ps} = I_0 + \frac{V_{in} - V_{out}}{L}t = I_0 + \frac{V_{in}}{2L}t \qquad (8.25)$$

其中，I_0 是 $t = 0$ 时 i_{ps} 的初始值。Mode 1 持续到 $t = \phi_d T_s$，此时 $i_{ps} = I_1$，如下式所示：

$$I_1 = I_0 + \frac{V_{in}}{2L}\phi_d T_s \qquad (8.26)$$

Mode 2： 由于施加了 v_{gs2}，Q_2 导通的同时 Q_1 关断。$v_{ps} = V_{in} - V_{out}$，Mode 2 下 i_{ps} 如下式所示：

$$\begin{aligned} i_{ps} &= I_1 + \frac{V_{in} - V_{out} - V_{Ca}}{L}(t - \phi_d T_s) \\ &= I_1 + \frac{V_{in} - 2V_{out}}{2L}(t - \phi_d T_s) \end{aligned} \qquad (8.27)$$

Mode 2 持续到 $t = 0.5T_s$，这时 $i_{ps} = I_2$，如下式所示：

$$I_2 = I_1 + \frac{V_{in} - 2V_{out}}{2L}(0.5 - \phi_d)T_s \qquad (8.28)$$

Mode 3： v_{gs4} 为 0，Q_4 关断的同时 Q_3 导通。L 和 C_a 的串联电路因 Q_2 和 Q_3 短路，$v_{ps} = 0$。因此此模式下 i_{ps} 为

$$i_{ps} = I_2 - \frac{V_{Ca}}{L}(t - 0.5T_s) = I_2 - \frac{V_{in}}{2L}(t - 0.5T_s) \qquad (8.29)$$

Mode 3 末期 $t = (\phi_d + 0.5)T_s$，$i_{ps} = I_3$。

Mode 4： v_{gs2} 为 0，Q_2 关断，Q_1 导通。$v_{ps} = V_{out}$，因此

$$i_{ps} = I_3 + \frac{V_{out} - V_{Ca}}{L}[t - (0.5 + \phi_d)T_s]$$

$$= I_3 - \frac{V_{in} - 2V_{out}}{2L}[t - (0.5 + \phi_d)T_s] \tag{8.30}$$

$t = T_s$，$i_{ps} = I_0$。

式（8.25）和式（8.29）以及式（8.27）和式（8.30）的右边第二项的系数形式相同，极性相反，所以Mode 1～Mode2和Mode 3～Mode4的工作有对称性。从图8.8的工作波形中也可以看出这一点。根据工作的对称性可知$I_2 = -I_0$和$I_1 = -I_3$。

8.2.3 输出特性

Mode 2和Mode 4期间C_{out}和R_L输送i_{ps}。i_{ps}的工作有对称性，Mode 2下输送到R_L的电荷量除以半个周期可以计算出输出电流I_{out}：

$$I_{out} = \frac{2}{T_s}\int_{\phi_d T_s}^{0.5 T_s} i_{ps}\,\mathrm{d}t = \frac{V_{in}T_s\phi_d(0.5 - \phi_d)}{2L} \tag{8.31}$$

而i_{ps}在Mode 1和Mode 2下由输出电源供给，因此输入电流I_{in}为

$$I_{in} = \frac{1}{T_s}\int_{0}^{0.5 T_s} i_{ps}\,\mathrm{d}t = \frac{V_{out}T_s\phi_d(0.5 - \phi_d)}{2L} \tag{8.32}$$

式（8.31）中I_{out}和ϕ_d的关系如图8.10所示。纵轴为I_{out}通过$V_{in}T_s/2L$归一化后的值。I_{out}可以用ϕ_d进行调节，$\phi_d = 0.25$（即$\phi = 90°$）时达到峰值。由式（8.31）可知，I_{out}值不受V_{out}的影响，对于某些ϕ_d，即便$V_{out} = 0$（即负载短路状态），电流值也固定不变。同理，根据式（8.32），I_{in}不受V_{in}的影响。

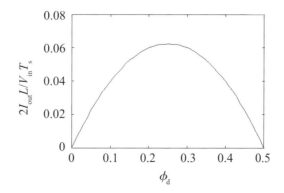

图8.10 移相梯形SCC中I_{out}和ϕ_d的关系

8.2.4　移相SCC的扩展电路

图8.7(a)中的移相梯形SCC的扩展电路结构如图8.11所示。通过改变Q_5-Q_6和Q_3-Q_4的相位差可以调节V_{in}经过L_b和C_b的串联电路向C_1输送的功率。同时通过改变Q_3-Q_4和Q_1-Q_2的相位差可以调节C_1经过L_a和C_a的串联电路向C_{out}输送的功率。综上所述，扩展电路中有两个L-C串联电路，因此可以通过调节相邻的开关腿之间的相位差来分别调整C_1和C_{out}的电压。此外，虽然本章不涉及串联/并联SCC和斐波那契SCC，但是它们同样可以在扩展电路的同时应用移相控制。

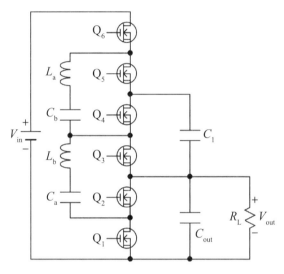

图8.11　移相SCC的扩展电路

8.3　谐振SCC

8.3.1　电路结构和特征

本节将介绍谐振SCC[6~9]的代表——以双层结构梯形SCC为基础的谐振梯形SCC，如图8.12所示。谐振SCC在普通SCC中加入谐振电感L_r，同时将一部分电容器用作谐振电容器C_r。

L_r和C_r组成的串联谐振电路中，电流为正弦波状，能够防止浪涌电流，解决以往SCC电路中的难题。杜绝了浪涌电流，也就实现了元件的低电流应力和电路降噪。电路结构本身与移相梯形SCC相同，但是由于无需打造谐振电路的线性电流，L_r的电感和C_r的静电容量可以采用比移相SCC更小的元件，有助于实现电路的小型化。

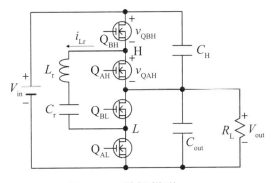

图8.12　谐振梯形SCC

与第6章中的谐振变换器相同，谐振SCC的输出电压可以通过脉冲频率调制（PFM）进行控制。然而通常情况下，对轻负载到重负载较大范围的负载采用PFM控制时，开关频率范围必须足够大，很难打造最适宜的工作状态。也就是说，与混合SCC和移相SCC等相比，可以满足的负载变动范围较小，无法大范围调整输出电压。因此谐振SCC多用于进行输出输入电压比固定的SCC的高效化和低噪声化。

与常见的谐振变换器相同，谐振SCC工作时，开关频率f_s也高于谐振频率f_r（即$f_s>f_r$）。满足此条件时，能够实现ZVS导通。f_s低于f_r时，开关的体二极管的反向恢复会产生较大的开关损耗。$f_s=f_r$时，开关在电流归零的同时启动，实现ZCS导通和关断。

8.3.2　工作模式

用50%的占空比交替驱动开关Q_A和Q_B来工作。为便于理解，我们设与C_H并联的开关为Q_{AH}和Q_{BH}。$f_s>f_r$时，谐振梯形SCC的工作波形和工作模式分别如图8.13和图8.14所示。为了从简，我们忽略死区时间内的工作。本节从Q_B导通的Mode B开始讲解。

Mode B：谐振电路的电流i_{Lr}为负值时施加v_{gsB}，Q_B导通，进入Mode B。这时Q_{BH}中的电流由源极流向漏极（即i_{QBH}为负值），Q_{BH}为ZVS导通。i_{Lr}的极性由负转为正时，则Q_{BH}中的电流由漏极流向源极。i_{Lr}再次变为负值之前，使v_{gsB}为0，同时施加v_{gsA}，电路工作进入Mode A。

Mode A：Q_A导通后，Q_{AH}的电流立即由源极流向漏极（即i_{QAH}为负值），Q_{AH}为ZVS导通。i_{Lr}的极性由正切换为负时，Q_{AH}的电流为正值，电流由漏极流向源极。i_{Lr}变为0之前将v_{gsA}变为0，Q_A关断，同时施加v_{gsB}，Q_B关断，工作再次进入Mode B。

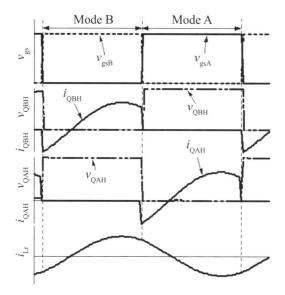

图8.13　谐振梯形SCC的工作波形（$f_s > f_r$）

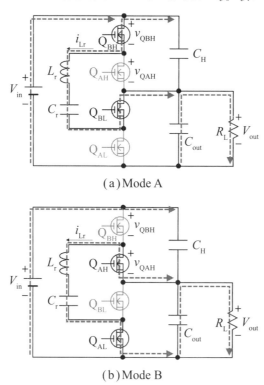

（a）Mode A

（b）Mode B

图8.14　谐振梯形SCC的工作模式

　　$f_s = f_r$时谐振梯形SCC的工作波形如图8.15所示。i_{Lr}为0时进行开关，导通和关断都可以实现ZCS。

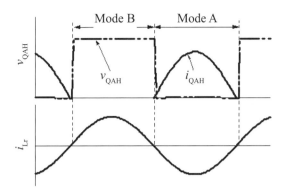

图8.15 谐振梯形SCC的工作波形（$f_s = f_r$）

8.3.3 增益特性

串联谐振电路的谐振角频率ω_0和特性阻抗Z_0用下式表示：

$$\omega_0 = 2\pi f_r = \frac{1}{\sqrt{L_r C_r}} \tag{8.33}$$

$$Z_0 = \omega_0 L_r = \frac{1}{\omega_0 C_r} = \sqrt{\frac{L_r}{C_r}} \tag{8.34}$$

串联谐振电路中谐振的锐度Q_L定义如下式：

$$Q_L = \frac{\omega_0 L_r}{R} = \frac{1}{\omega_0 C_r R} = \frac{Z}{R} \tag{8.35}$$

如图8.12所示，谐振梯形SCC的谐振电路夹在节点H和节点L之间，这些节点上产生的矩形波电压——峰峰电压分别等于C_H和C_{out}的电压值，因此谐振SCC可以用图8.14(a)中的等效电路表示。

$v_{m.out}$是峰峰值为V_{out}的矩形波电压，根据傅里叶级数，这个矩形波电压的基波成分的振幅$V_{m.out}$为：

$$V_{m.out} = \frac{2}{\pi} V_{out} \tag{8.36}$$

严格地说，i_{Lr}并非正弦波，我们假设i_{Lr}是频率等于开关频率的正弦波电流，则输出电流I_{out}通过i_{Lr}的积分表示如下：

$$I_{out} = \frac{2}{T_s}\int_0^{T_s/2} i_{Lr}\,dt = \frac{2}{T}\int_0^{T_s/2} I_{m.Lr}\sin(\omega_0 t)dt = \frac{2}{\pi}I_{m.Lr} \tag{8.37}$$

151

其中，$I_{\mathrm{m.Lr}}$是i_{Lr}的振幅。

等效电阻R_{eq}为

$$R_{\mathrm{eq}} = \frac{V_{\mathrm{m.p}}}{I_{\mathrm{m.Lr}}} = \frac{4}{\pi^2}\frac{V_{\mathrm{out}}}{I_{\mathrm{out}}} = \frac{4}{\pi^2}R_{\mathrm{L}} \tag{8.38}$$

其中，R_{L}为负载电阻。

$v_{\mathrm{m.CH}}$是峰峰值为$V_{\mathrm{in}}-V_{\mathrm{out}}$的矩形波电压。根据傅里叶级数，这个矩形波电压的基波成分的振幅$V_{\mathrm{m.CH}}$为

$$V_{\mathrm{m.CH}} = \frac{2}{\pi}(V_{\mathrm{in}} - V_{\mathrm{out}}) \tag{8.39}$$

根据式（8.36）、式（8.38）和式（8.39），可以推导出图8.16(b)中采用基波近似法的等效电路。

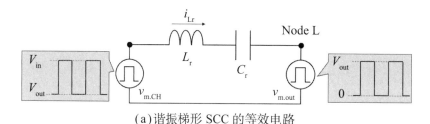

(a) 谐振梯形 SCC 的等效电路

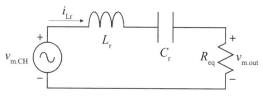

(b) 采用基波近似法的等效电路

图8.16　谐振梯形SCC的等效电路

谐振电路和R_{eq}的合成阻抗Z_{total}可以通过式（8.40）定义的Q_{L}表示如下：

$$\begin{aligned}Z_{\mathrm{total}} &= R_{\mathrm{eq}} + Z = R_{\mathrm{eq}} + j\left(\omega L_{\mathrm{r}} - \frac{1}{\omega C_{\mathrm{r}}}\right)\\ &= R_{\mathrm{eq}}\left[1 + jQ_{\mathrm{L}}\left(\frac{\omega}{\omega_0} - \frac{\omega_0}{\omega}\right)\right]\end{aligned} \tag{8.40}$$

其中，ω是开关角频率。根据图8.16(b)的等效电路和式（8.35），谐振梯形SCC的增益G为：

$$G = \frac{V_{\text{out}}}{V_{\text{in}}} = \frac{v_{\text{m.out}}}{v_{\text{m.CH}} + v_{\text{m.out}}} = \frac{R_{\text{eq}}}{|Z_{\text{total}}| + R_{\text{eq}}}$$

$$= \frac{1}{\sqrt{4 + Q_{\text{L}}^2 \left(\dfrac{\omega}{\omega_0} - \dfrac{\omega_0}{\omega} \right)^2}} \qquad (8.41)$$

式（8.41）中的谐振梯形SCC的增益特性如图8.17所示。横轴是用ω除以ω_0得到的归一化角频率。Q_{L}值对增益特性影响很大，重负载时Q_{L}值更大（即Q_{L}相当于负载大小）。$\omega/\omega_0 = 1$时增益与Q_{L}值无关，始终为0.5。$f_s > f_r$（即$\omega > \omega_0$）区域内（$\omega/\omega_0 > 1$）工作时，ω/ω_0越大，增益越低，这是因为在图8.16的等效电路中，$\omega/\omega_0 = 1$时$Z = 0$，所以R_{eq}电压升高，ω/ω_0越大，Z的电压降越会使R_{eq}的电压下降。

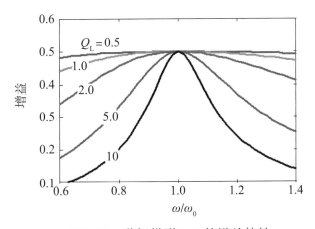

图8.17 谐振梯形SCC的增益特性

8.3.4　谐振SCC的扩展电路

梯形SCC以外的SCC结构也可以通过增加谐振电感来组成谐振SCC。图8.18展示了谐振串联/并联SCC以及谐振斐波那契SCC。这种结构是在第7章的普通SCC的电容器上增加串联谐振电感L_r得到的。与梯形结构相同，频率高于串联谐振电路时，驱动开关Q_A和Q_B的固定占空比为50%。

谐振型扩展得到的各种电路结构在享受谐振工作的优势（防止浪涌电流、ZCS工作等）的同时还保留第7章中各种结构的固有特征，因此我们可以根据用途和要求选择最适宜的谐振SCC结构。

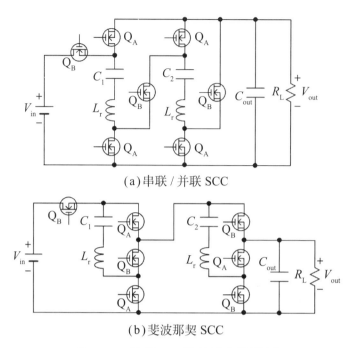

(a) 串联 / 并联 SCC

(b) 斐波那契 SCC

图8.18　谐振SCC的扩展电路图例

参考文献

［1］ S.R.Sanders, E.Alon, H.P.Le, M.D.Seeman, M.Jhon, V.W.Ng. The road to fully integrated dc-dc conversion via the switched-capacitor approach. IEEE Trans. Power Electron, 2013, 28(9): 4146-4155.

［2］ M.Uno, A.Kukita. PWM switched capacitor converter with switchedcapacitor-inductor cell for adjustable high step-down voltage conversion. IEEE Trans. Power Electron, 2019, 34(1): 425-43.

［3］ M.D.Seeman, S.R.Sanders. Analysis and optimization of switchedcapacitor dc-dc converters. IEEE Trans. Power Electron, 2008, 23(2): 841-851.

［4］ B.Oraw, R.Ayyanar. Load adaptive, high efficiency, switched capacitor intermediate bus converter. in Proc. IEEE Int. Telecommun. Energy Conf. , INTELEC' 07, 2007, 1872-1877.

［5］ K.Sano, H.Fujita. Performance of a high-efficiency switchedcapacitor-based resonant converter with phase-shift control. IEEE Trans. Power Electron, 2011, 26(2): 344-35.

［6］ K.I.Hwu, Y.T.Yau. Resonant voltage divider with bidirectional operation and startup considered. IEEE Trans. Power Electron, 2012, 27(4): 1996-200.

［7］ K.Kesarwani, R.Sangwan, J.T.Stauth. Resonant-switched capacitor converters for chip-scale power delivery: design and implementation. IEEE Trans. Power Electron, 2015, 30(12): 6966-6977. :

［8］ E.Hamo, M.Evzelman, M.M.Peretz. Modeling and analysis of resonant switched-capacitor converters with free-wheeling ZCS. IEEE Trans. Power Electron, 2015, 30(9): 4952-4959.

［9］ A.Cervera, M.Evzelman, M.M.Peretz, S.B.Yaakov. A highefficiency resonant switched capacitor converter with continuous conversion ratio. IEEE Trans. Power Electron, 2015, 30(3): 1373-1382.

第9章
通过电容器打造小型化变换器

上一章中我们介绍了通过在SCC中增加电感，在附加输出电压可控性的同时实现小型化的功率变换电路。除了SCC以外，还有很多种电路结构可以通过同时使用电容器和电感实现电路的小型化。本章将列举几种通过电容器打造小型化电路的变换器。

9.1 罗氏变换器

9.1.1 电路结构和特征

罗氏变换器的电路结构如图9.1所示[1]。罗氏变换器是一种非隔离型变换器，在通用型升压斩波中增加了二极管D_f和飞跨电容C_f，提高了升压比。它原本是面向高升压比需求设计出来的变换器，但升压比与以往的升压斩波相同时即可实现电感L的小型化。

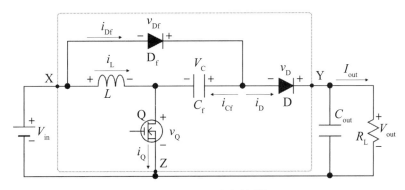

图9.1 罗氏变换器

罗氏变换器的优势在于结构简单，升压比高，体型小，但是由于开关Q导通时C_f中会出现浪涌电流，Q和D_f上会产生大电流。为了防止浪涌电流，可以与D_f串联一个小电感，使其与C_f谐振。

9.1.2 工作模式

罗氏变换器的工作波形和工作模式分别如图9.2和图9.3所示。设Q导通期间占空比为d，忽略二极管的正向压降，C_f的电压V_C固定不变。

Mode 1：Q导通，L上施加输入电源电压V_{in}，则

$$v_L = V_{in} \tag{9.1}$$

另一方面，V_{in}经过D_f为C_f充电，所以C_f的电流i_{Cf}为浪涌电流。i_{Cf}的响应特性取决于时间常数τ（$= CR$），时间常数是电路中的静电容量C和电阻成分R的积。假设τ比dT_s短得多，则V_C为

$$V_C = V_{in} \tag{9.2}$$

Mode 2：Q关断时D_f也关闭，二极管D开始导通。Mode 1下L与充电至V_{in}的C_f一起向负载放电，所以L的电压v_L为

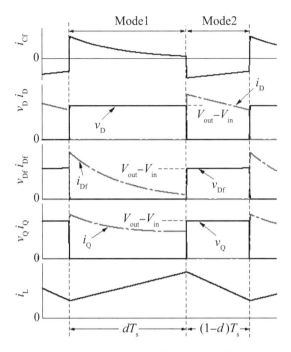

图9.2　罗氏变换器的工作波形

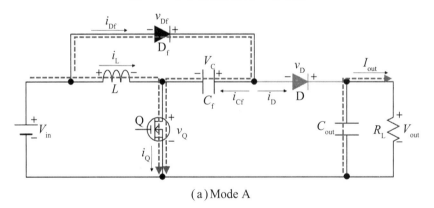

（a）Mode A

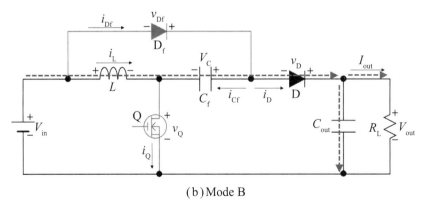

（b）Mode B

图9.3　罗氏变换器的工作模式

$$v_L = V_{in} + V_C - V_{out} = 2V_{in} - V_{out} \qquad (9.3)$$

稳态下 L 的电压和时间的乘积为0，根据式（9.1）和式（9.3）可以导出罗氏变换器的输出输入电压比：

$$\frac{V_{out}}{V_{in}} = \frac{1}{1-d} + 1 \qquad (9.4)$$

图9.4比较了以往的升压斩波和罗氏变换器的升压比，由图可知，罗氏变换器可以获得比常见的升压斩波升压比 $[1/(1-d)]$ 大1的升压比。式（9.4）中的1相当于 C_f 的充电电压 V_{in}。这是因为Mode 2下 L 有时和 C_f 一起向负载放电。d 相同时，罗氏变换器虽然能够获得高于升压斩波的高升压比，但是升压比的范围大于2，因此它无法用于升压比低于2的用途。

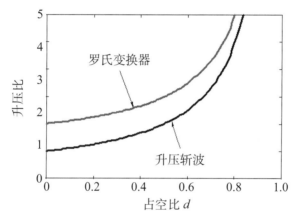

图9.4 罗氏变换器和升压斩波的升压比的比较

9.1.3 电感体积的比较

我们采用与8.1.4节相同的步骤比较罗氏变换器和升压斩波的电感体积指标 S。根据图9.3的工作模式，罗氏变换器和升压斩波的输出电流 I_{out} 用 L 的平均电流 I_L 表示：

$$I_{out} = I_L(1-d)$$

此外，罗氏变换器的 v_L 可以通过式（9.1）和式（9.3）计算出来（升压斩波的 v_L 在导通期间是 V_{in}，在关断期间是 $V_{in} - V_{out}$）。

基于上述内容，纹波率 $\alpha = 0.3$ 时体积指标 S 的计算结果如图9.5所示。升压比大于2的范围内，罗氏变换器的值更小，这暗示着它能够实现电感的小型化。

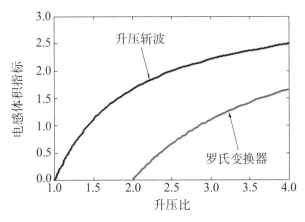

图9.5 罗氏变换器和升压斩波的电感体积指标S的比较

9.2 采用飞跨电容的降压斩波

9.2.1 电路结构和特征

将图9.1中罗氏变换器的节点X～Z之间的电路顺时针旋转90°，使二极管和开关的极性反转，同时从不同的端子输入输出，就可以导出图9.6的降压斩波电路。图9.1中罗氏变换器的节点X～Z分别对应输入、输出和接地，而图9.6的斩波电路则分别对应输出、接地、输入。

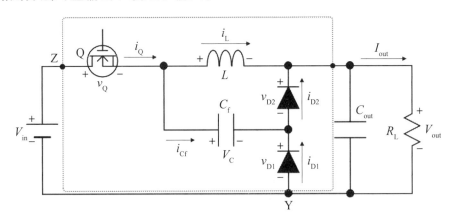

图9.6 采用飞跨电容的降压斩波

飞跨电容C_f使得电感L上的电压降低，有助于实现L的小型化。但是飞跨电容的降压比范围是第2章中讲解的普通降压斩波的一半，无法满足于大范围输出输入电压比的需求。而且飞跨电容与罗氏变换器相同，开关Q导通时C_f中会出现通过二极管D_2的浪涌电流。可以为D_2串联一个小电感，与C_f谐振，从而防止浪涌电流，但考虑到成本和体积，应该插入谐振电感。

9.2.2 工作模式

使用飞跨电容的降压斩波的工作波形和工作模式分别如图9.7和图9.8所示。假设稳态下C_f的电压V_C固定不变，忽略二极管的正向压降。

Mode 1：Q导通的同时D_2导通。L上施加的电压v_L为

$$v_L = V_{in} - V_{out} \qquad (9.5)$$

D_2导通使得C_f和L并联，所以V_C为

$$V_C = V_{in} - V_{out} \qquad (9.6)$$

C_f的输入和输出直接相连，当输入输出都是电压源时，C_f的电流i_{cf}为浪涌电流。i_{Cf}的时间常数τ取决于C_f的静电容量和电路总电阻成分的乘积。

Mode 2：Q关断的同时D_1开始导通。L和C_f串联，所以$i_L = -i_{Cf}$。也就是说，此模式下i_{Cf}不是浪涌电流，而是L引起的恒定电流波形。L的左端子的电位是V_C，所以此模式下L的电压v_L是

$$v_L = V_C - V_{out} = V_{in} - 2V_{out} \qquad (9.7)$$

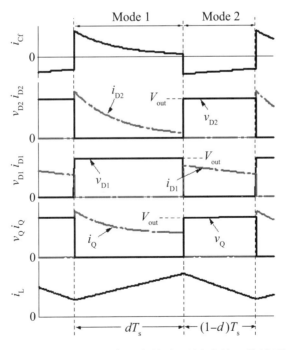

图9.7 采用飞跨电容的降压斩波的工作波形

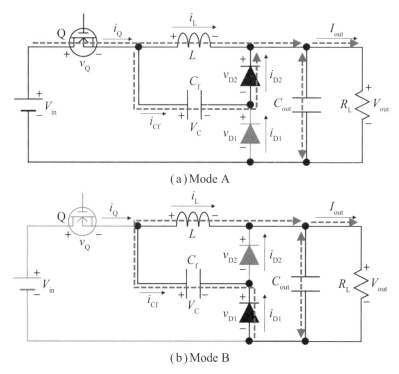

（a）Mode A

（b）Mode B

图9.8　采用飞跨电容的降压斩波的工作模式

稳态下 L 的电压和时间的乘积为0，根据式（9.5）和式（9.7）可以推导出输出输入电压比：

$$\frac{V_{out}}{V_{in}} = \frac{1}{2 - d} \tag{9.8}$$

图9.9比较了使用飞跨电容的降压斩波和普通降压斩波的输出输入电压比。如式（9.8）所示，改变 d 值，降压比也只在0.5～1.0之间变化，降压范围小于普通斩波电路。

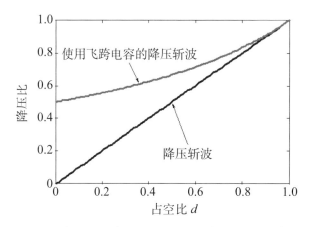

图9.9　采用飞跨电容的降压斩波和普通降压斩波的降压比的比较

9.2.3 电感体积的比较

Mode 2下C_f和L串联放电，$i_L = -i_{Cf}$。设i_L的平均值为I_L。稳态下电容器的充放电电荷量一定相等，根据C_f的电荷平衡，Mode 1下i_{Cf}的平均电流$I_{cf.M1}$计算如下：

$$I_{cf.M1} = \frac{1-d}{d} I_L \qquad (9.9)$$

图9.8中的电路中，i_L始终流向负载，而Mode 1下电流i_{Cf}也通过C_f流向负载，因此平均输出电流I_{out}可以通过I_L和$I_{cf.M1}$来计算：

$$I_{out} = I_L + dI_{cf.M1} = I_L(2-d) \qquad (9.10)$$

图9.6的电路中，L通过开关充放电的电量E_{sw}可以通过式（8.15）导出。将式（9.5）、式（9.8）和式（9.9）代入式（8.15）后得到下式：

$$E_{sw} = \frac{d(1-d)}{2-d} V_{out} I_{out} T_s \qquad (9.11)$$

图9.10是基于纹波率$\alpha = 0.3$计算出的体积指标S。降压比范围为0.5 ~ 1.0时，采用飞跨电容的降压斩波的S值更低，有助于实现电感的小型化。

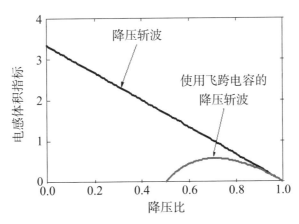

图9.10 采用飞跨电容的降压斩波和普通降压斩波的电感体积指标S的比较

9.3 飞跨电容多电平DC-DC变换器

9.3.1 电路结构和特征

降压型飞跨电容多电平（flying capacitor multi-level，FCML）变换器[2~4]的电路结构如图9.11所示。图9.11(a)的三电平电路中，飞跨电容C_f的电压为

$V_{in}/2$，开关节点（Q_1 和 D_2 的连接点）上根据占空比产生三电平电压 v_{sn}（V_{in}、$V_{in}/2$、0）。图 9.11(b) 的四电平电路中，飞跨电容 C_{f1} 和 C_{f2} 的电压分别为 $V_{in}/3$ 和 $2V_{in}/3$，可以在开关节点（Q_1 和 D_3 的连接点）上产生四电平电压 v_{sn}（V_{in}、$2V_{in}/3$、$V_{in}/3$、0）。与以往的降压斩波相比，它能够抑制电感 L 的电压 v_L 变动，同时实质性地以开关频率 f_s 的整数倍提高驱动频率，有助于实现 L 的小型化。

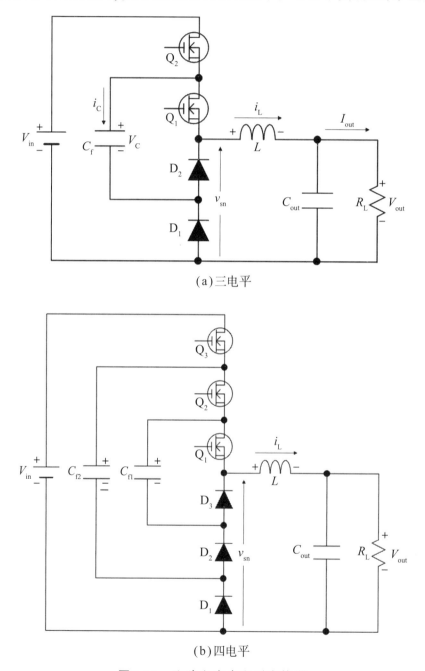

(a) 三电平

(b) 四电平

图9.11　飞跨电容多电平变换器

与混合SCC等不同，FCML变换器的C_f与L串联充放电，因此不会产生浪涌电流，有利于高效化和低噪声化。但是这种变换器需要根据电平数设置多个载波，还要将C_f值控制在最佳值（如$V_{in}/2$），提高了控制系统的复杂程度。

9.3.2 工作模式

三电平FCML变换器的工作波形和工作模式分别如图9.12和图9.13所示。图9.12中，开关Q_1和Q_2的驱动将相位差为180°的三角波v_{tri1}和v_{tri2}作为载波使用。占空比由载波的峰峰电压V_{pp}和指令值V_{ref}定义为$d = V_{ref}/V_{pp}$。工作模式以$d = 0.5$为分界线进行切换，$d<0.5$时工作模式为Mode 1~Mode 3。Mode 1和Mode 2的长度为dT_s，Mode 3为$(0.5-d)T_s$。$d>0.5$时工作顺序为Mode 1、Mode 2、Mode 4。Mode 1和Mode 2的长度为$(1-d)T_s$，Mode 4为$(d-0.5)T_s$。为便于理解，我们设C_f的电压V_C被控制在$V_{in}/2$不变。

Mode 1：为Q_2施加栅极–源极电压v_{gs2}，Q_2导通，Q_1关断。C_f通过Q_2和D_2与L串联，C_f与L的电流相等（$i_C = i_L$），这时v_{sn}为

$$v_{sn} = V_{in} - V_C = \frac{V_{in}}{2} \tag{9.12}$$

Mode 2：Q_1导通，Q_2关断。C_f通过D_1与L连接，$i_C = -i_L$。此模式下v_{sn}为

$$v_{sn} = V_C = \frac{V_{in}}{2} \tag{9.13}$$

Mode 3：两个开关都关断，D_1和D_2都导通。两个开关都为断态，所以C_f中没有电流，此模式下v_{sn}为

$$v_{sn} = 0 \tag{9.14}$$

Mode 4：两个开关都导通，二极管都为断态。L与V_{in}相连，所以

$$v_{sn} = V_{in} \tag{9.15}$$

无论哪个模式下，L的电压都是$v_L = v_{sn} - V_{out}$，所以根据式（9.12）~式（9.15），各个模式下的v_L总结如下：

$$v_L = \begin{cases} V_{in} - V_C - V_{out} = \dfrac{V_{in}}{2} - V_{out} & \text{(Mode 1)} \\ V_C - V_{out} = \dfrac{V_{in}}{2} - V_{out} & \text{(Mode 2)} \\ -V_{out} & \text{(Mode 3)} \\ V_{in} - V_{out} & \text{(Mode 4)} \end{cases} \tag{9.16}$$

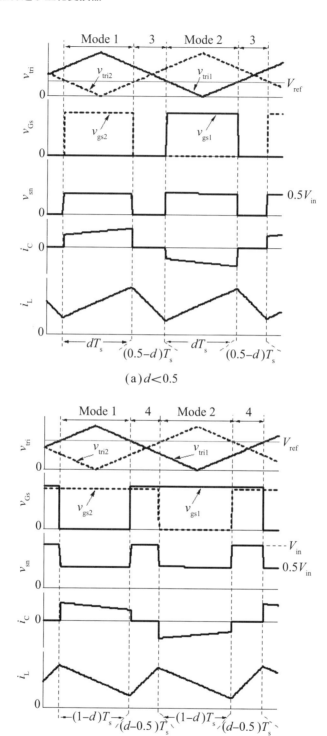

（a）$d < 0.5$

（b）$d > 0.5$

图9.12　三电平FCML变换器的工作波形

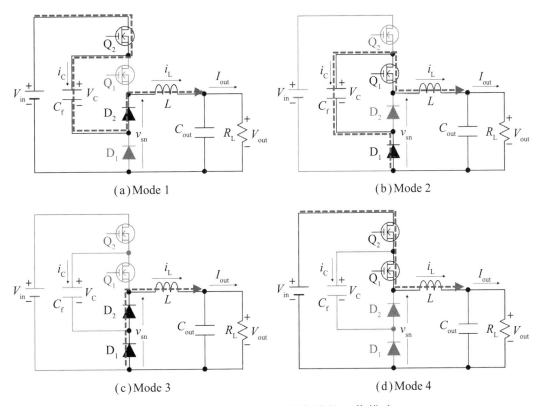

图9.13　三电平FCML变换器的工作模式

根据上面得出的 v_L 和各个工作模式的长度，稳态下 L 的电压和时间的乘积为 0，可以计算出FCML变换器的输出输入电压比：

$$V_{out} = d V_{in} \qquad (9.17)$$

这里的输出输入电压比与第2章中的降压斩波相同。如图9.12的工作波形所示，L 的驱动频率是开关频率 f_s 的2倍，而且 v_L 的变动幅度被控制在 $V_{in}/2$（常见降压斩波的 v_L 变动幅度为 V_{in}），因此能够实现 L 的大幅度小型化。

9.3.3　电感体积的比较

我们用与8.1.4节相同的步骤比较三电平FCML变换器和降压斩波的电感体积指标 S。由式（8.15）可以导出FCML变换器的开关为电感充放电的电能 E_{sw}。如图9.12所示，FCML变换器的工作模式以 $d = 0.5$ 为分界发生变化，E_{sw} 的变化也以 $d = 0.5$ 为分界点。

$$E_{sw} = \begin{cases} \dfrac{1-2d}{d} V_{out} I_{out} T_s & (d < 0.5) \\[2mm] \dfrac{-2d^2+3d-1}{2d} V_{out} I_{out} T_s & (d > 0.5) \end{cases} \qquad (9.18)$$

将式（9.18）代入式（8.16）和式（8.17）可以推导出FCML变换器的S。

以纹波率$\alpha = 0.3$为条件计算出的S如图9.14所示。所有降压比的范围中，FCML变换器的S均低于降压斩波，有助于实现电感的小型化。降压比为0.5（即$d = 0.5$，$V_{out} = V_{in}/2$）时S是0。这是因为$d = 0.5$时电路只在Mode 1和Mode2两种模式下工作，$V_{out} = V_{in}/2$，所以两种模式下$v_L = 0$，L的纹波电流是0。

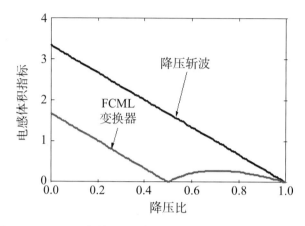

图9.14　FCML变换器和降压斩波的电感体积指标S的比较

参考文献

［ 1 ］F.L.Luo. Luo-Converters, a series of new DC-DC step-up (boost) conversion circuits. in Proc. Second Int. Conf. Power Electron. Drive Systems, 1997.

［ 2 ］W.Qian, H.Cha, F.Z.Peng, L.M.Tolbert. 55-kW variable 3X dc-dc converter for plug-in hybrid electric vehicles. IEEE Trans. Power Electron, 2012, 27(4): 1668-1678.

［ 3 ］W.Kim, D.Brooks, G.Y.Wei. A fully-integrated 3-level dc-dc converter for nanosecond-scale DVFS. IEEE J.Solid-State Circuit, 2012, 47(1): 206-219.

［ 4 ］Y.Lei, W.C.Liu, R.C.N.P.Podgurski. An analytical method to evaluate and design hybrid switched-capacitor and multilevel converters. IEEE Trans. Power Electron, 2018, 33(3): 2227-2240.